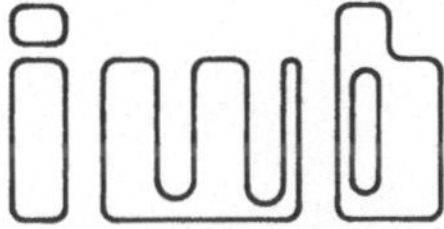

Forschungsberichte · Band 1

**Berichte aus dem
Institut für Werkzeugmaschinen
und Betriebswissenschaften
der Technischen Universität München**

Herausgeber: Prof.Dr.-Ing. J. Milberg

Elmar Streifinger

Beitrag zur Sicherung der Zuverlässigkeit und Verfügbarkeit moderner Fertigungsmittel

Mit 72 Abbildungen

Springer-Verlag
Berlin Heidelberg New York Tokyo 1986

Dipl.-Ing. Elmar Streifinger
Institut für Werkzeugmaschinen und Betriebswissenschaften (iwb), München

Dr.-Ing. J. Milberg
o. Professor an der Technischen Universität München
Institut für Werkzeugmaschinen und Betriebswissenschaften (iwb), München

ISBN-13:978-3-540-16391-6   e-ISBN-13:978-3-642-71127-5
DOI: 10.1007/978-3-642-71127-5

Gesamtherstellung: Hieronymus Buchreproduktions GmbH, München
2362/3020-543210

Geleitwort des Herausgebers

Die Verbesserung von Fertigungsmaschinen, Fertigungsverfahren und Fertigungs-
organisation im Hinblick auf die Steigerung der Produktivität und die Verrin-
gerung der Fertigungskosten ist eine ständige Aufgabe der Produktionstechnik.
Die Situation in der Produktionstechnik ist durch abnehmende Fertigungslos-
größen und zunehmende Personalkosten sowie durch eine unzureichende Nutzung
der Produktionsanlagen geprägt. Neben den Forderungen nach einer Verbesserung
von Mengenleistung und Arbeitsgenauigkeit gewinnt die Steigerung der Flexibilität von Fertigungsmaschinen und Fertigungsabläufen immer mehr an Bedeutung. In zunehmenden Maße werden Programme, Einrichtungen und Anlagen für
rechnergestützte und flexibel automatisierte Produktionsabläufe entwickelt.

Ziel der Forschungsarbeiten am Institut für Werkzeugmaschinen und Betriebswissenschaften an der TU München (iwb) ist die weitere Verbesserung der Fertigungsmittel und Fertigungsverfahren im Hinblick auf eine Optimierung von
Arbeitsgenauigkeit und Mengenleistung der Fertigungssysteme. Dabei stehen
Fragen der anforderungsgerechten Maschinenauslegung sowie der optimalen Pro-
zeßführung im Vordergrund. Ein weiterer Schwerpunkt ist die Entwicklung fort-
geschrittener Produktionsstrukturen und die Erarbeitung von Konzepten für die
Automatisierung des Auftragdurchlaufs. Das Ziel ist eine Integration der
technischen Auftragsabwicklung von der Konstruktion bis zur Montage.

Die im Rahmen dieser Buchreihe erscheinenden Bände stammen thematisch aus den
Forschungsbereichen des iwb: Fertigungsverfahren, Werkzeugmaschinen, Ferti-
gungs- und Montageautomatisierung, Betriebsplanung sowie Steuerungstechnik
und Informationsverarbeitung. In ihnen werden neue Ergebnisse und Erkenntnisse aus der praxisnahen Forschung des iwb veröffentlicht. Diese Buchreihe
soll dazu beitragen, den Wissenstransfer zwischen dem Hochschulbereich und
dem Anwender in der Praxis zu verbessern.

Joachim Milberg

Vorwort

Die vorliegende Dissertation entstand während meiner Tätigkeit als wissenschaftlicher Assistent am Lehrstuhl für Werkzeugmaschinen und Betriebswissenschaften der Technischen Universität München.

Mein besonderer Dank gilt Prof. Dr.-Ing. Joachim Milberg, dem Leiter dieses Instituts, der die Durchführung dieser Arbeit ermöglichte und durch richtunggebende Hinweise tatkräftig unterstützte.

Des weiteren danke ich Prof. Dr.-Ing. K. Ehrlenspiel für die aufmerksame Durchsicht und die wertvollen Anregungen zur Gestaltung des Inhalts.

Nicht zuletzt möchte ich Prof. Dr.-Ing. K. G. Müller meinen Dank aussprechen, unter dessen Amtszeit die ersten Anstöße zur Erstellung dieser Arbeit gegeben wurden.

Allen Mitarbeitern des Lehrstuhls bin ich für die die tatkräftige Unterstützung bei der Erstellung der Arbeit und die immer kameradschaftliche Zusammenarbeit zu aufrichtigem Dank verpflichtet.

Inhaltsverzeichnis

Abkürzungen und Formelzeichen

Abkürzungen:

BDE	Betriebsdaten- Erfassung
BRD	Bundesrepublik Deutschland
CNC	Rechnersteuerung
DV	Daten- Verarbeitung
Fe	Fertigung
FFS	Flexibles Fertigungssystem
HH	Handhabung
KFz	Kraftfahrzeug
MDE	Maschinendaten- Erfassung
MPST	Modulare Mehrprozessor- Steuersysteme
NC	Numerische Steuerung
PC =	SPS
SPS	Speicher- programmierbare Steuerung
TÜV	Technischer Überwachungsverein
WS	Werkstück
WZ	Werkzeug
WZM	Werkzeugmaschine

Mathematische Operatoren:

INT	Integral
PR	Reihenprodukt
SU	Reihensumme
SQR	Quadratwurzel
lim	Grenzwert
$\binom{n}{i}$	$\dfrac{n!}{i!(n-i)!}$
n!	Fakultät (n) = $1*2*3*\ldots*n$
exp(x)	Exponentialfunktion (e^x)
ln	Natürlicher Logarithmus (Basis e)

Konstanten:

Pi	Kreiskonstante = 3.14159
e	Basis der natürlichen Logarithmen = 2.718282

Formelzeichen:

A_o	Technischer Verfügbarkeitsaufwand
B^o	Bauteil, Komponente
D	Differenz, Intervall
D	Dispersion, Varianz
$\dfrac{d}{dt}$	Differential, Ableitung
E(T)	Erwartungswert einer zufälligen Größe T
f(t)	Ausfalldichte $= \dfrac{dQ}{dt} = \dfrac{-dR}{dt}$

h	Stunden
i	Anzahl, Zählvariable
m, m_o	Konstante Reparaturrate
$m(t)$	Reparaturrate
MDT	Stillstanddauer (Mean Down Time)
MTBF	Mittlere Betriebsdauer (Mean Time Between Failure, DIN 40041)
MTTM	Instandhaltungszeit (Mean Time To Maintain)
MTTR	Mittlere Ausfalldauer (Mean Time To Repair)
N	Anzahl
n	Anzahl, Zählvariable
P	Wahrscheinlichkeit (Probability)
R	Zuverlässigkeit (Reliability)
s	Streuung (Sigma)
T	Zeitpunkt
T_{buj}	Wechsel bemannte / unbemannte Schicht
T_{ubi}	Wechsel unbemannte / bemannte Schicht
t	Zeit (Variable)
t_{bi}	Zeit in der i-ten bemannten Schicht
t_{uj}	Zeit in der j-ten unbemannten Schicht
U	Unverfügbarkeit
V	Verfügbarkeit (s. DIN 40041, DIN 40042)
$\bar{V}$	Mittlere Verfügbarkeit bei teilweise vollautomatischem Betrieb
W	Wahrscheinlichkeit
W(A+B)	Wahrscheinlichkeit für (A "oder" B)
W(A*B)	Wahrscheinlichkeit für (A "und" B)
W(A!B)	Bedingte Wahrscheinlichkeit: A "unter der Voraussetzung daß" B
x	Unbestimmte Variable
z, z_o	Konstante Ausfallrate
$z(t)$	Zeitabhängige Ausfallrate

Indizes:

a	ausgefallen
b	bemannt
f	funktionsfähig
g	Grenzwert für ausschließlich bemannnten Betrieb
ges	gesamt
i	zum i-ten Objekt gehörig
m,n	zum m-von-n- redundanten System gehörig
n	zum n-ten Objekt gehörig
o	konstanter Anfangswert
p	parallel
red	redundant
Ru	Ruhezeit (Betriebsruhe nach /11/)
s	seriell
Sa	aktiv redundantes System
Sp	passiv redundantes System
Ums	Umschalter
u	unbemannt

1. Einleitung

1.1 Wirtschaftliche Situation

Die derzeitige wirtschaftliche Situation in der BRD ist gekennzeichnet durch eine hohe Arbeitslosenquote und eine hohe Anzahl an Betriebsinsolvenzen. Eine Reihe äußerer Anzeichen deutet darauf hin, daß hohe Wachstumsraten abgesehen von einzelnen Wirtschaftszweigen immer unwahrscheinlicher werden:

- Die Endlichkeit der Rohstoffvorkommen, insbesondere der Energieträger lassen niedrige Rohstoffpreise auf Dauer nicht mehr erwarten.

- Wegen der Verschärfung der Umweltauflagen steigen die Betriebskosten.

- Die hohen Ansprüche bzgl. Produkteigenschaften erfordern eine immer aufwendigere Technologie. Der dafür erforderliche Entwicklungs- und Herstellungsaufwand schlägt sich in steigenden Produktpreisen nieder. Dadurch ist die Aufnahmefähigkeit des Marktes begrenzt.

- Wegen äußerer Umstände, z.B. Gesetzgebung, Energiepreise, Konsumentenverhalten, Konkurrenzgründe usw., nimmt die Produktlebensdauer weiter ab, die Produktvielfalt dagegen zu.

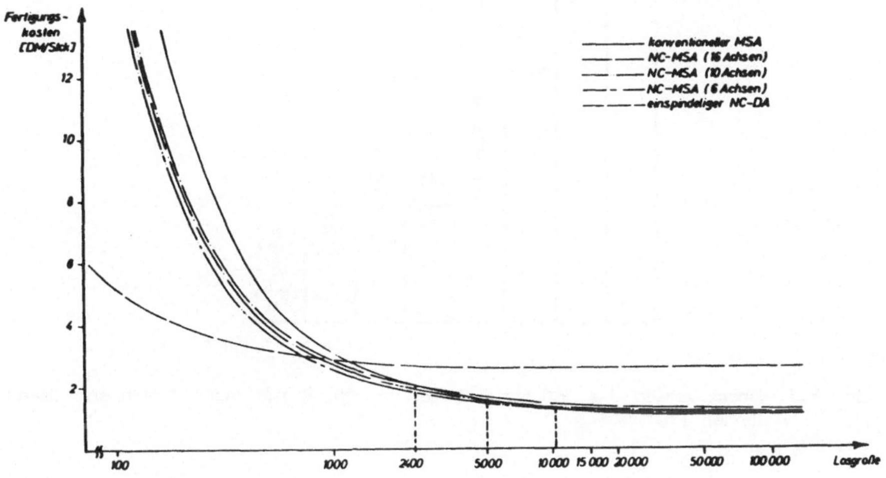

Abb. 1.1 Herstellkosten repräsentativer Drehteile in Abhängigkeit von Losgröße und Maschinenart /M7/

Daraus erwachsen der Produktion zunehmende Ansprüche hinsichtlich Häufigkeit der Umrüstungen, Vielseitigkeit der Bearbeitung und Anpassung an stark schwankende Stückzahlen. Die Fertigung muß diesen Ansprüchen durch eine höhere Flexibilität gerecht werden, wobei nicht nur die angestammten Bereiche der Klein- und Mittelserienfertigung, also hauptsächlich der Maschinenbau, betroffen sind, sondern zunehmend auch die Massenfertigung /M4/ (Abb. 1.1).

Besonders für den heimischen Maschinenbau wird der Konkurrenzdruck immer größer. Die Situation ist durch etwa vergleichbaren Entwicklungsstand, aber zum Teil erheblich günstigere Herstellungsmöglichkeiten der internationalen Konkurrenz gekennzeichnet.

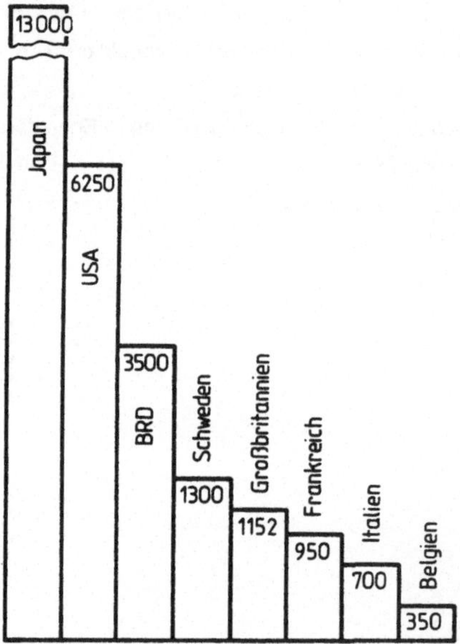

<u>Abb. 1.2</u> Einsatzzahlen für Industrieroboter in den 8 führenden Nationen, Stand Januar 1983 /K1/

Der Hauptkonkurrent Japan ist durch modernere Fertigungsstrukturen und -maschinen besser für die Zukunft gerüstet /I3/, was unter anderem aus den Vergleichszahlen für die Anzahl der installierten Roboter (Abb. 1.2) oder flexib-

ler Fertigungssysteme (Abb. 1.3) oder der Altersstruktur des Werkzeugmaschi-
nenbestandes (Abb. 1.4) ersichtlich ist.

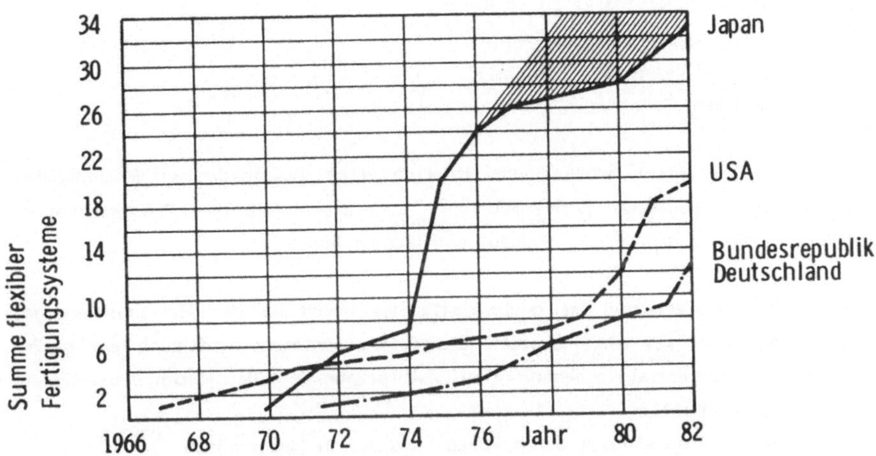

Abb. 1.3 Vergleich der Einsatzzahlen Flexibler Fertigungssysteme /L6/

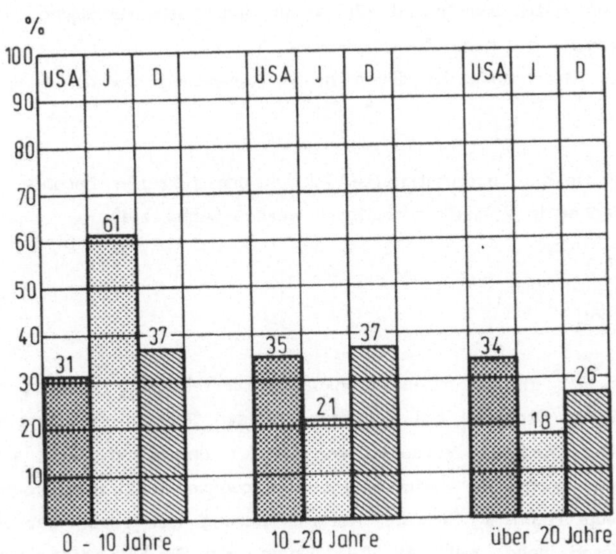

Abb. 1.4 Einsatzalter der Maschinen in USA, Japan und der BRD /L6/

Veraltete Produktionsstrukturen und -Anlagen tragen zu hohen Fertigungskosten bei. Daraus resultieren hohe Preise und eine schlechte Ertragslage sowie letztlich die Gefahr, den Anschluß an den weltweiten Entwicklungsstand und die Stellung am internationalen Markt zu verlieren.

1.2 Konsequenzen

Der Ausweg aus dieser schwierigen Situation führt zwingend über Rationalisierungsmaßnahmen in allen Betriebsebenen, angefangen bei der Produktentwicklung über Betriebsorganisation, Verkauf und Kundendienst.

Insbesondere die Fertigung ist gegenwärtig das Hauptziel der Rationalisierungsbemühungen, weil hier ein Hauptteil der Kosten entsteht und auch ein großes Rationalisierungspotential gesehen wird. Ansatzpunkte für Rationalisierung in der Fertigung sind /M4/:
- Erhöhung der Produktivität durch kurze Haupt- und Nebenzeiten
- Minimierung des Umlaufvermögens durch Verkürzung der Durchlaufzeiten,
- Abbau der Lagerbestände durch Auftragsfertigung,
- Personaleinsparung durch leichte Umrüstbarkeit,
- Minimierung der Betriebskosten durch hohen Automatisierungsgrad, gute Instandhaltungseignung und hohe Zuverlässigkeit,
- Ausnutzung des Maschinenparks durch große Auslastung bei hoher Verfügbarkeit.

Zweifelsohne sind flexibel automatisierte Produktionsstrukturen besonders geeignet, diesen Ansprüchen in Zukunft gerecht zu werden (Abb. 1.1).

1.3 Automatisierung

Um auf Dauer in der internationalen Konkurrenz bestehen zu können, muß eine hohe Qualität der Produkte bei konkurrenzfähigen Preisen gesichert werden. Die Automatisierung wird als Voraussetzung hierfür angesehen, weil sie neben einer Kostensenkung auch eine gleichmäßige Fertigungsqualität der Produkte ermöglicht. Ein Hauptargument für die Automatisierung ist jedoch der Rationalisierungseffekt durch hohe zeitliche Ausnutzung der Produktionsanlagen (Abb. 1.5, Abb. 1.7).

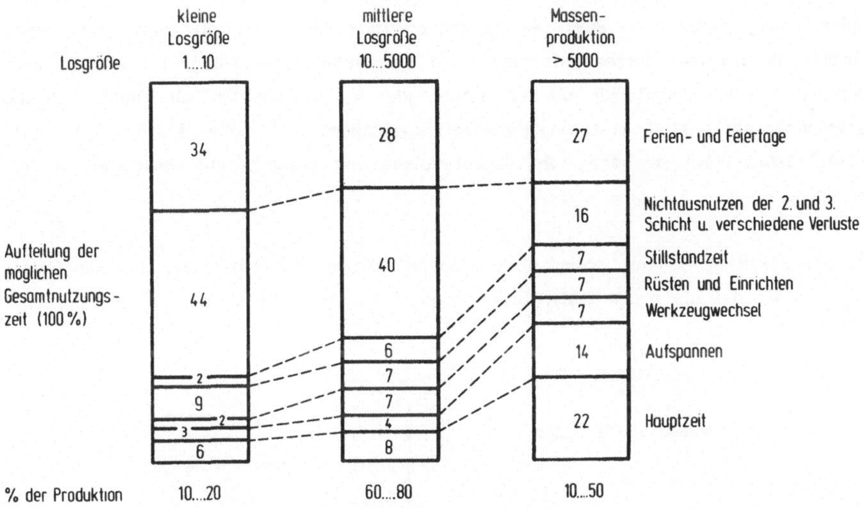

Abb. 1.5 Nutzungszeiten von Fertigungsanlagen in Kleinserien-, Mittelserien- und Massenfertigung /L6/

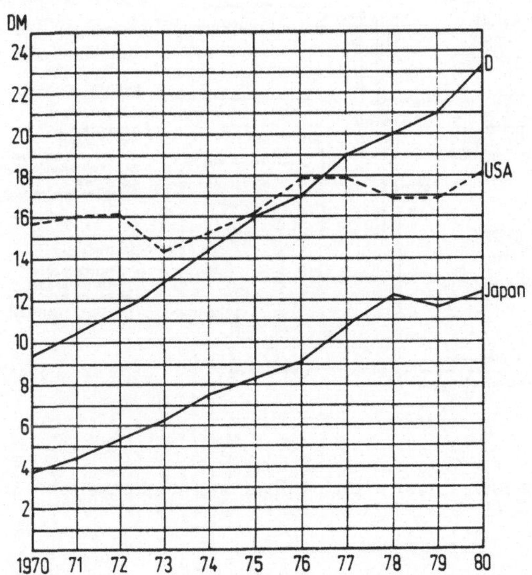

Abb. 1.6 Produktionskosten je Arbeitsstunde /1G/

Man kann erkennen, daß derzeit selbst bei Massenfertigung ca. 50%, bei Einzelfertigung sogar ca. 80% der gesamten nutzbaren Zeit die Maschinen weder durch Fertigungs-, Instandhaltungs- oder Fertigungsbegleittätigkeit genutzt werden. Der Hauptgrund für die unzureichende Ausnutzung bei niedrigen Automatisierungsgraden sind starre Arbeitszeitregelungen und hohe Lohnkosten (Abb. 1.6). Daher liegt es nahe, die Arbeitszeiten von Mensch und Maschine zu entkoppeln.

Automatisierung ist mit hohen Investitionen verbunden. Aus Abb. 1.7 ist jedoch ersichtlich, daß sie große Rationalisierungseffekte ermöglicht.

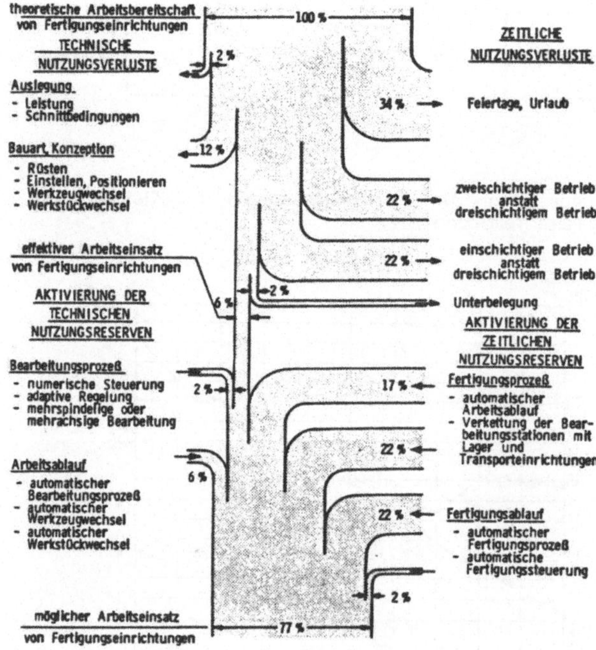

<u>Abb. 1.7</u> Nutzungsverluste und Rationalisierungsmöglichkeiten in der Einzelfertigung /E7/

Dagegen bietet die Minimierung der Produktionsdurchlaufzeiten, insbesondere der Haupt- und Nebenzeiten, in der spanenden und spanlosen Fertigung nur noch geringere Rationalisierungsmöglichkeiten bei meist sehr hohem Einsatz /I1/, /K7/, /L8/, /M5/, /M6/, /M7/.

Sehr große Automatisierungs- und damit Rationalisierungsreserven liegen in der Montage. So ist beispielsweise die Karosserieendmontage bei der PkW-Produktion trotz Massenherstellung erst zu ca. 5% automatisiert /S2/.

2. Flexible Automatisierung - Stand der Technik

2.1 Struktur flexibel automatisierter Produktionssysteme

Aus einem hohen zeitlichen Nutzungsgrad der Maschinen ergibt sich die Forderung nach der Entkopplung von menschlicher und maschineller Arbeitszeit und damit nach einem hohen Automatisierungsgrad. Dabei ist der Automatisierung der peripheren Vorgänge von Fertigung und Montage besondere Beachtung zu schenken /K3/, /L8/, /W6/. Dies sind:
- Materialtransport, also Transport von Werkstücken, Werkzeugen, Spann- und Meßmitteln sowie Hilfsstoffen,
- Handhabung, Pufferung und Bereitstellung im Materialfluß,
- Herstellung bzw. Erfassung, Aufbereitung, Speicherung und Verteilung von Informationsdaten.

Die nötigen Informationen müssen für alle programmgesteuerten Komponenten, aber auch für die Personalinformation in geeigneter Weise bereitgestellt werden. Der Informationsfluß automatisierter Fertigungssysteme weist dabei einen erheblichen Umfang auf, wie anhand der beispielhaften Aufzählung einiger produktionsnaher Aufgaben ersichtlich ist (Abb. 2.1):
- Koordination von Bearbeitungs-, Handhabungs- und Transportvorgängen, wobei leistungsfähige Soft- und Hardwareschnittstellen erst definiert werden müssen,
- Kontrolle von Werkstücken bzw. Erkennung von Rohteilen durch Meßvorrichtungen in den Maschinen oder in eigenen Meßstationen /B1/, /E1/, /E7/, /R5/,
- Verschleißüberwachung entweder anhand der Messung von Schnittkraft, Verschleißmarkenbreite, Schneidkantenversatz oder Werksstück-Maßabweichung oder anhand der Überwachung der Standzeit,
- Umfangreiche Maschinen- und Betriebsdatenerfassung (MDE, BDE) für aktuelle Information und Steuerung der Produktion /S7/.

Im selben Maß, wie in der Werkstattebene, nimmt der Umfang der Informationsverarbeitung auch in den anderen Bertiebsebenen zu, wobei nicht nur die herkömmlichen Aufgaben - Konstruktion, Planung und Steuerung der Produktion, Material- und Lagerwesen, Kostenrechnung usw. - ,sondern in Zukunft auch Randbereiche wie Haustechnik und Energieversorgung in die elektronische Da-

- 9 -

tenverarbeitung einbezogen werden, um die Gesamtkosten in der Produktion minimieren zu können.

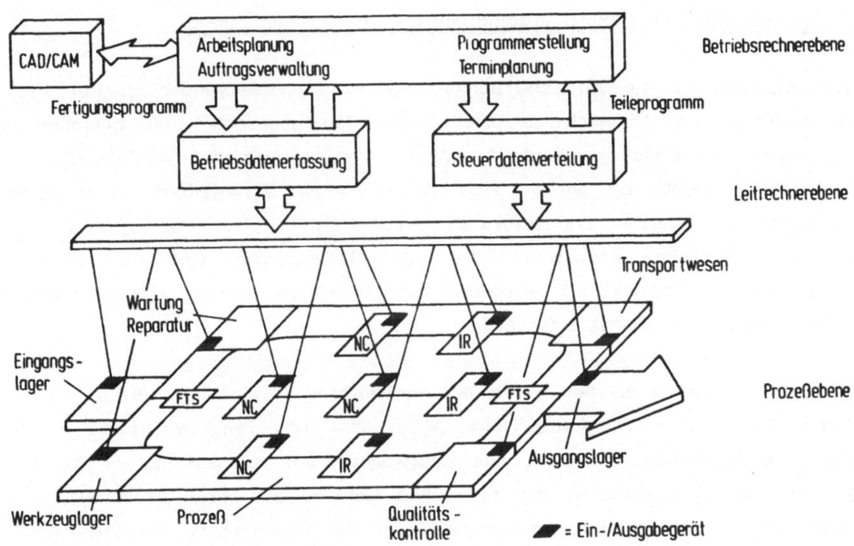

<u>Abb. 2.1</u> Rechnergeführte Fertigung (CIM) /M8/

Darüberhinaus muß mittels teils komplexen Sensoren sowie Meß- und Regelge-
räten die Zuverlässigkeit der Bearbeitungsvorgänge gesichert werden, da bei
teilweise bedienungsarmem bzw. -freiem Betrieb infolge der engen Verknüpfung
aller Anlagenteile einzelne Maschinenausfälle die Gesamtverfügbarkeit der Anlagen
beeinträchtigen.

Als Komponenten flexibel automatisierter Produktionsanlagen werden in Ferti-
gungsbereichen numerisch gesteuerte Sonder- und Universalmaschinen, in der
Montage und Handhabung frei programmierbare, mindestens 3- achsige Handhabungsgeräte bzw. Roboter mit vielseitigen Werkzeugen bzw. Greifern, und
zu Transportzwecken programmierbare fahrerlose Fördersysteme (FTS) Verbrei-
tung finden. Bei den aufgezählten Gerätetypen steht die Flexibilität gegenüber
anderen Gesichtspunkten im Vordergrund. Dabei soll nicht nur die Flexibilität
hinsichtlich des Werkstückspektrums und der Losgröße berücksichtigt sein, sondern auch hinsichtlich Änderungen der Produktionsabläufe, der Maschinenparks,

der Maschinenverfügbarkeit, der Befahrbarkeit von Transportwegen usw.

2.2 Betriebsverhalten flexibel automatisierter Produktionssysteme

Ausschlaggebend für die Wirtschaftlichkeit von Produktionssystemen ist ihre Produktionsleistung im Vergleich zu den Kosten. Bei gegebener Leistungsfähigkeit hängt dieses Verhältnis entscheidend von der Verfügbarkeit ab. Ausfälle einzelner Bearbeitungsstationen wirken sich infolge enger Verknüpfung durch einen automatisierten Material- und Informationsfluß auf die Gesamtverfügbarkeit eines Produktionssystems aus, sobald die Entkopplungsspeicher voll- oder leerlaufen. Gerade im Hinblick auf personalarmen Betrieb ist deshalb eine Steigerung der Maschinenzuverlässigkeit erforderlich.

Der Bediener führt auch bei wenig automatisiertem NC-Betrieb nur zu einem geringen Teil aktive Tätigkeiten aus (WZ-, WS- und Programmwechsel). Ein Großteil seiner Tätigkeit besteht aus Überwachen und ablaufbedingtem Warten. Die ordnungsgemäße Funktion der Maschinen kann er bei optimiertem Teileprogramm aufgrund der Ablaufgeschwindigkeit und der Komplexität der Zusammenhänge nur unzulänglich überwachen. Da Bedienereingriffe in automatisierte Abläufe häufig zu Ausfällen führen können (s. Kap. 7), bietet sich die Entkopplung der Arbeitszeiten von Mensch und Maschine auch unter dem Gesichtspunkt der Zuverlässigkeitssteigerung an. Durch die Entkopplung von menschlicher und maschineller Arbeitszeit können Betriebsmittel zeitlich erheblich besser genutzt werden (Abb. 1.5 und 1.7).

Als Gründe für Nutzungsausfälle werden dann organisatorische Fehler sowie technische Störungen überwiegen. Die Fertigungsplanung hat hinsichtlich der Verfügbarkeitssicherung und Rationalisierung die Aufgaben:
1. Planerische Auslastung der Fertigungsanlagen bei störungsfreiem Betrieb,
2. Berücksichtigung der begrenzten Zuverlässigkeit von Fertigungssystemen und Optimierung des Produktionsablaufes unter realen Bedingungen, d.h. mit Berücksichtigung der aktuellen Verfügbarkeit.

Durch die Struktur eines Fertigungssystems ist dessen Empfindlichkeit gegen Ausfälle von Komponenten größtenteils vorbestimmt. So wirkt sich in einer Serienanordnung von (sich ergänzenden) Maschinen bei starrer Verkettung der Ausfall einer Komponente wie ein Ausfall aller Anlagenteile zwischen den nächst-

liegenden Pufferspeichern aus, während bei Parallelstruktur von (sich ersetzenden) Maschinen der Ausfall einer Station sich nur entsprechend dem Produktions-
anteil an der jeweiligen Bearbeitungsstufe bemerkbar macht, wenn die Verket-
tungsstruktur der Transport- und Handhabungseinrichtungen eine flexible Anpassung zuläßt.

Da eine optimale Auslegung von Fertigungslinien infolge komplexer Zusammenhänge nicht einfach möglich ist, sind Rechenprogramme entwickelt worden, die
sowohl eine optimale Anordnung, als auch eine kostenoptimale Auslegung der
jeweiligen Störpuffergrößen in Abhängigkeit von Taktzeiten und Zuverlässigkeiten der Bearbeitungsstationen ermitteln sollen /S11/.

Eine hohe Flexibilität hat nicht nur Vorteile beim Ausgleich von Störungen, sondern auch bei Änderungen des Werkstück-Spektrums oder des Automatisierungs-
grades o.ä. Aus diesen Gründen setzen sich beispielsweise induktiv gesteuerte Flurförderfahrzeuge trotz vergleichsweise hohen Flächenbedarfs, niedriger
Förderkapazität und geringer Speichermöglichkeiten gegenüber anderen Förder-
systemen durch. Ebenso werden Produktionsabläufe mit sich ersetzenden Bear-
beitungsgängen und entsprechend größerer Fertigungstiefe der einzelnen Stationen bevorzugt gegenüber starr verketteten Serienbearbeitungslinien /S6/, /S10/.

2.3 Instandhaltung

2.3.1 Organisatorische Maßnahmen

Optimale Vorgaben der Produktionsplanung lassen sich nur für angenommene Werte
hinsichtlich Ausfallrate und -dauer herstellen. Abweichungen von diesen Werten
führen zu schlechter Ausnutzung der Komponenten. Daher wird versucht, die
Verfügbarkeit durch organisatorische Maßnahmen in engeren Grenzen auf hohen
Werten zu halten. Angriffspunkte sind einerseits die Wartung, um die Ausfallrate zu senken, und andererseits die Instandsetzung, die kurze Ausfalldauern
gewährleisten soll.

Die Instandhaltungsarbeit kann durch Beobachtung und Protokollierung von Instandsetzungen oder Inspektionen, beim Auffinden von Schwachstellen, Feststellen des "Abnutzungsvorrates" bzw. der jeweiligen Reststandzeiten unterstützt
werden. Daraus abgeleitet lassen sich durch gezielte Ersatzteillagerhaltung und

frühzeitige Wartungsplanung unerwartete Ausfälle und Schäden größeren Ausmaßes vermeiden /L1/, /W2/.

Lebensdauerprotokolle helfen, den Abnutzungsvorrat von Verschleiß- und Verbrauchsteilen genauer vorherzubestimmen und sie so besser auszunutzen, ohne Schaden durch Überschreitung der Lebensdauer befürchten zu müssen. Generell wird die Forderung nach einer exakten Protokollierung mit Anwendung von DV-
-Anlagen im Instandhaltungsbereich erhoben, um einerseits die Kosten für Arbeitszeit, Material und Lagerhaltung in den Griff zu bekommen und andererseits Schwachstellen an Fertigungsmitteln zu erkennen, Inspektionsintervalle sinnvoll festlegen und vorbeugende Wartung wirtschaftlich durchführen zu können /E5/, /S8/.

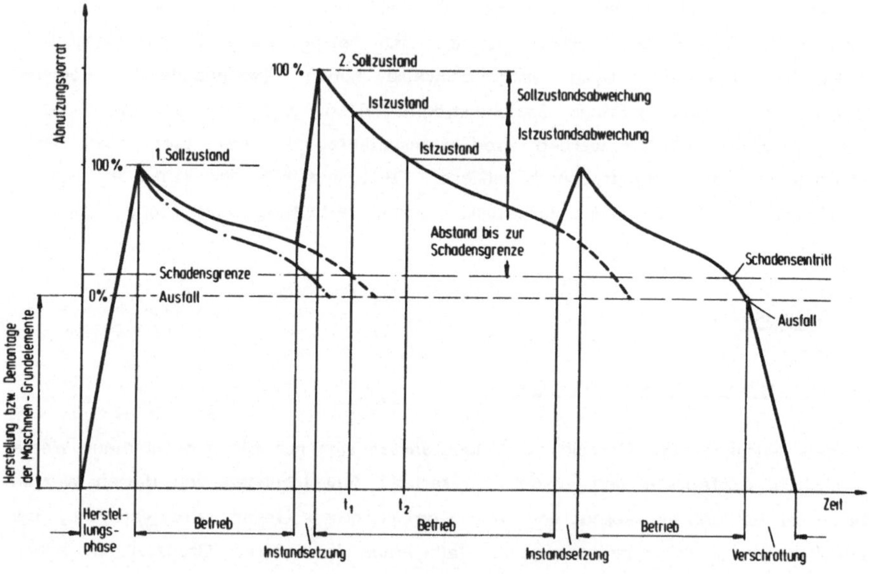

Abb. 2.2 Qualitative Lebensdauerkurve einer betrieblichen Anlage (nach /W2/)

Bei zunehmender Automatisierung und Integration der Fertigung incl. Handhabung und Transport ist mit einem erheblichen Zuwachs an Instandhaltungsaufwand zu rechnen /L1/. Rationalisierung ist deshalb auch im Bereich der sehr personalintensiven Instandhaltung notwendig. Kostenrechnung und Zeitstudien sind wichtige Hilfsmittel hierbei. Die Kostenrechnung kann in ähnlicher Weise durchgeführt werden, wie in /H2/ zur Qualitätslenkung für Produktionsbetriebe vorgeschlagen, wenn der Begriff "Qualität" über das Produkt und die Produktqualität bestimmende Eigenschaften der Fertigungsmittel hinaus auch auf die Zuverlässigkeit und Verfügbarkeit angewandt wird.

In /L1/ wird geschätzt, daß die Kosten für Instandhaltungsmaßnahmen 1982 in der BRD bei ca. 150 Mrd. DM lagen, die Schadenskosten jedoch, also Instandsetzungskosten, Schadenfolgekosten und Wertminderung, ungefähr den 3-fachen Betrag ausmachten. Daraus wird hier weiter geschlossen, daß unter derzeitigen Umständen besser wart- und reparierbare Fertigungs-Anlagen mit größerer Zuverlässigkeit und längeren Wartungsintervallen wirtschaftlicher wären als hochproduktive und komplizierte mit entsprechend vielen Ausfallmöglichkeiten, und daß mittels einer Erweiterung der vorbeugenden Instandhaltung erhebliche Einsparungen erreichbar sein müßten.

2.3.2 Instandhaltungseignung

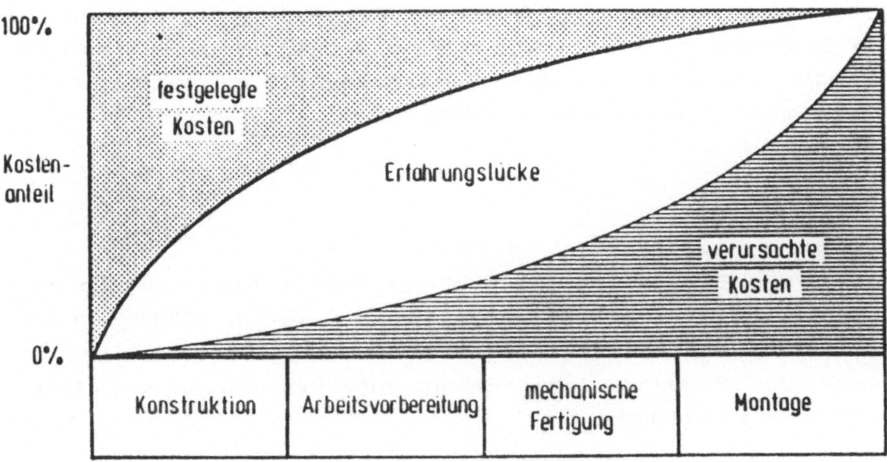

Abb. 2.3 Kostenfestlegung und Kostenentstehung in der Herstellung von Produkten

Durch Konstruktionsdetails der Maschinen ist der Instandhaltungsaufwand wesentlich beeinflußbar. Die Kosten für Reparaturen und Wartung sind umso geringer,
je einfacher und schneller sie durchgeführt werden können, und je seltener sie
nötig sind. Diese Kriterien können zwar in gewissem Maß durch Änderungen
an bestehenden Systemen verbessert werden, überwiegend sind sie jedoch bereits durch Konzeption und Konstruktion festgelegt, da auch bezüglich der Instandhaltungseignung und -kosten das qualitative Diagramm in Abb. 2.3 zutrifft.

Der Wartungsumfang wird durch Anwendung vieler verschleißarmer oder war-
tungsfreier Bauteile, beispielsweise Lager mit Lebensdauerschmierung, hydro-
statische Führungen, zentrale Schmierölversorgung, Führungsabdeckungen, Fil-
ter usw. eingeschränkt. Zusätzliche Erleichterung bringt die konstruktive Berücksichtigung der Instandhaltungsbelange durch gute Zugänglichkeit und leichte Aus-
tauschbarkeit von Verschleißteilen wie Filtern, Kohlebürsten, und Hilfsstoffen.

Zur Beurteilung der Instandhaltungs- und Instandsetzungseignung von Maschinen
ist ein in /oV4/ vorgeschlagenes Schema geeignet, nach dem entsprechend des
Schwierigkeitsgrades der Tätigkeit, der Körperhaltung, der Zugänglichkeit usw.
eine Bewertungszahl für jeden Instandhaltungsvorgang ermittelt werden kann.

Entsprechende Merkmals- und Checklisten /W2/ geben wertvolle Hinweise für
die Berücksichtigung der Instandhaltungsbelange bereits in der Konstruktion. Kon-
sequenzen aus diesen Betrachtungen sind beispielsweise der Modultausch, die
Einsparung von Justagevorgängen usw (Abb. 2.4).

2.3.3 Fehlererkennung

Die schnelle Erkennung von Fehlern ist eine wichtige Voraussetzung für kurze
Ausfallzeiten, da ansonsten Folgeschäden entstehen können, wodurch sich Ausfalldauer und Reparaturaufwand vergrößern. Aus dieser Erkenntnis wurden Anstrengungen unternommen, eine möglichst frühzeitige Meldung von Störungen
und Fehlern zu ermöglichen.

Insbesondere bei ablaufgesteuerten Fertigungslinien lassen sich anhand einer Überwachung des Signalflusses schnelle Fehlerbehebung und kurze Störungsdauern verwirklichen /M3/. Anhand verschiedener Modelle können Strategien entwickelt
werden, die die Überwachung der Funktionsfähigkeit und eine genaue Fehlerloka-

lisierung zulassen. Da Signale ("Symptome") häufig voneinander abhängig sind, kann der Überwachungsaufwand ohne Verluste bzgl. der Erkennungssicherheit erwarteter Fehler minimiert werden /H5/.

MERKMALE	PUNKTE
FLÜSSIGKEITSSTANDPRÜFUNG	
- Sichtprüfung	1
- Meßstab	3
- verschraubter Deckel, kein Werkzeug notwendig	4
- verschraubter Deckel mit mehreren Befestigungen, kein Werkzeug notwendig	6
- verschraubter Deckel, Werkzeug notwendig	8
- Mehrfachschraubung, Werkzeug notwendig	10
BAUTEILPRÜFUNG	
- Sichtprüfung	1
- einfaches Werkzeug	5
- Präzisionswerkzeug	10
SCHMIERUNG	
- Nippel	1
- Spezialnippel	3
- Auftragen von Schmierstoffen mit Hilfswerkzeugen (Bürsten, Pinsel usw.)	3
- Ölkannenschmierung	3
- Anschlußstück (z. B. Nippel, der zweite Tätigkeit erfordert, wie z. B. Drehen in geeignete Lage)	5
- Einfüllen von Hand (an jeder Schmierstelle)	20
ABLASSEN	
- Ablaßventil einschließlich Entfernen des Sicherheitsstopfens	1
- horizontaler Stopfen	6
- vertikaler Stopfen	8
- Abdeckplatte, die zusätzlich entfernt werden muß	10
- mehrere Stopfen oder Deckel	15
FÜLLEN	
- ohne Werkzeug entfernbarer Deckel	1
- Deckel mit Werkzeug zu entfernen, vertikal-	3
- Deckel mit Werkzeug zu entfernen, horizontal	10
- mehrere Deckel oder Stopfen	15
REINIGEN	
- mit Druckluft	3
- Waschen in einem Bad	5
- mehrfaches Waschen oder Ölen	10
AUSTAUSCHEN	
- Aufdrehen von Hand	1
- einfache Befestigung ohne Werkzeug	3
- einfache Befestigung mit Werkzeug	4
- mehrfache Befestigung ohne Werkzeug	5
- mehrfache Befestigung mit Werkzeug	6
JUSTAGE	
- einfacher Arbeitsschritt	2
- mehrere Schritte	4
- mehrere Schritte an verschiedenen Stellen	10

Kriterium „Tätigkeit" und zugehörige Punktezahl

MERKMAL	PUNKTE
- auf dem Boden stehend - senkrechte Körperhaltung, arbeiten im normalen Griffbereich	1
- auf dem Boden stehend, Verdrehung des Körpers oder starkes Strecken erforderlich, arbeiten außerhalb des normalen Griffbereichs	2
- auf dem Boden stehend, arbeiten im Hocken, Knien oder Liegen (ausgenommen unter der Maschine)	3
- auf der Maschine, arbeiten in normaler Reichweite	6
- auf der Maschine, arbeiten im Hocken, Dehnen oder Verdrehen des Körpers erforderlich	8
- jede Position, außer normal aufrecht, unter oder zwischen Maschinenteilen	10

Kriterium „Körperhaltung" und zugehörige Punktezahl

Abb. 2.4 Auszug aus einer Merkmalsliste zur Beurteilung der Instandhaltungseignung technischer Anlagen und Geräte /W2/

Bei sich stetig ändernden Werten, z.B. Verschleiß, Schnittkraft, Reibung, Schall-spektrum, Leistungsaufnahme, usw. aus dem Bearbeitungsprozeß und der Ma-schine lassen sich in einigen Fällen durch Vergleich mit vorgegebenen Grenz-werten bevorstehende Fehlzustände erkennen und vorherbestimmen. Durch die-se Frühdiagnose ist einerseits eine Fehlerbehebung vor der Entstehung größerer Schäden und andererseits eine Instandsetzung innerhalb geplanter Intervalle mög-lich, so daß erheblich niedrigere Störungsdauern und -Kosten erreichbar sind /B8/, /E1/, /W3/. Gängige Überwachungsmethoden mit relativ geringem gerä-tetechnischen Aufwand für CNC-Steuerungen und -Maschinen sind Zeitüberwa-chung, Plausibilitätskontrollen, statistische Zustandsüberwachung und Quittie-rungs- (Handshake-) Protokolle beim Datenaustausch /S7/, /S14/.

Die Überwachung des Bearbeitungsvorganges in Werkzeugmaschinen wird auch anhand der Messung der Werkstücke in der Maschine oder nach der Bearbeitung durchgeführt. Dazu sind bei der "In-Prozeß"- Messung einwechselbare Meßtaster nötig, wobei die maschineneigenen Wegmeßsysteme und Steuerungen die Meß-ergebnisse bilden müssen. Bei der "Post-Prozeß"-Messung sind eigene Meßsta-tionen notwendig, jedoch ist die Werkstück- Verweildauer in der Maschine kür-zer. Bei diesem Verfahren ist die Rückführung der Meßwerte in die Maschinen-steuerung Voraussetzung dafür, einerseits die Maßgenauigkeit der Werkstücke trotz äußerer Störeinflüsse innerhalb enger Toleranzen zu halten und andererseits eine unzulässige Änderung an den Werkzeugen - zu hoher Verschleiß oder Bruch - durch Vergleich mit Grenzwerten schnell zu erkennen /K5/, /R5/. Darüber hinaus sind auch Meßsysteme entwickelt worden, die durch Antasten am Werkzeug selbst Schneidenkantenversatz oder Längenänderung durch Bruch - z.B. bei Boh-rern - erkennen können.

Unter dem Entwicklungsziel "Steigerung der Verfügbarkeit" sind sehr viele der Erkenntnisse anwendbar, die bereits früher zur adaptiven Regelung verwendet wurden. Insbesondere hinsichtlich der Sensoren, der Steuerungstechnik und der Modellierung der Maschine, des Zerspanungsprozesses usw. kann auf frühere Entwicklungen aufgebaut werden /A1/.

Eine Überwachung kann aber nicht für alle Eventualfälle vorgesehen werden. Folglich werden also immer unerwartete und von Überwachungssystemen nicht oder nicht richtig erkannte, auch durch Ausfall der Überwachungseinrichtung fälschlich gemeldete, Störungen auftauchen. Deshalb ist eine weitere wichtige Voraussetzung für schnelle Fehlererkennung und -Ursachenbestimmung eine gute

Qualifikation des Instandhaltungspersonals /G2/.

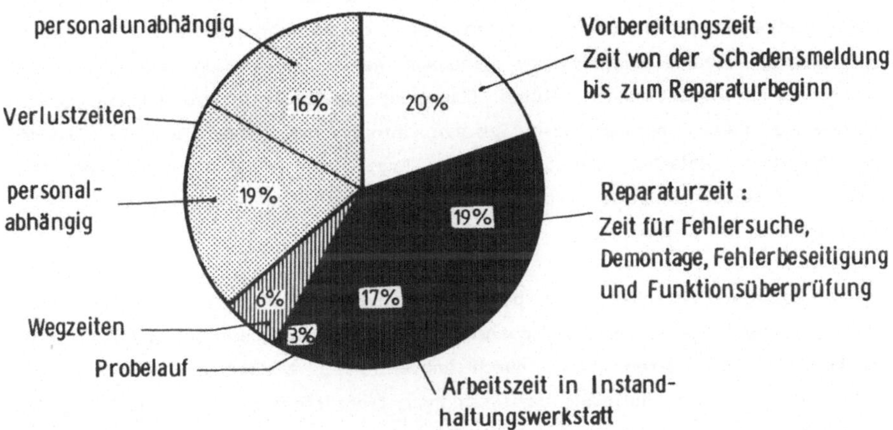

Abb. 2.5 Zeitanteile in der Instandsetzung von numerisch gesteuerten Werkzeugmaschinen (nach /N1/)

2.3.4 Fehlerausbreitung

Neben der schnellen Erkennung und Anzeige von Fehlfunktionen helfen elektrische oder mechanische Sicherungen den Schaden zu begrenzen. In Hinblick auf Kollisionen werden zB. Sollbruchstellen oder momentbegrenzende Elemente eingesetzt, um mechanische Überlastungen und damit größere Schäden an Maschinen zu verhindern /F4/, /H1/. In diesem Zusammenhang sind auch Maßnahmen zum Schutz der Umgebung, insbesondere des Bedien- und Wartungspersonals zu sehen.

2.4 Zuverlässigkeit bei hohem Automatisierungsgrad

Nicht nur die für automatisierten Ablauf benötigte Ausrüstung, sondern auch der erweiterte Umfang der Meß-, Regel- und Überwachungstechnik bringt aufgrund der insgesamt stark vergrößerten Anzahl der Bauteile und Baugruppen sowie des DV-Umfanges Probleme hinsichtlich der Gesamtzuverlässigkeit der Produktionsanlagen.

Wie erläutert und anhand der umfangreichen Literaturhinweise /K5/, /M3/, /W3/, /W4/ erkennbar, ist eine Vielzahl teilweise recht komplizierter Sensorik-, Meß- und Regelbausteine entwickelt worden, um Funktionsabläufe in den Maschinen und sonstige Bearbeitungsvorgänge genügend genau überwachen und regeln und dadurch einen selbständigen Ablauf überhaupt gewährleisten zu können. Paradoxerweise führen gerade diese Zusätze infolge des hohen Bauteileaufwandes und der hohen Belastung der Sensoren im Prozeßbereich zu einem starken Verlust an Zuverlässigkeit der Maschinen, da die Überwachungseinrichtungen selbst nicht beliebig zuverlässig sind.

Im Werkzeugmaschinenbau wird derzeit bereits ein hoher Aufwand getrieben, um die Zuverlässigkeit und die Lebensdauer der Produkte auf einem hohen Stand zu halten. Die Anstrengungen, durch konventionelle Maßnahmen der Qualitätssicherung die Ausfallhäufigkeit der Maschinen trotz steigender Komplexität gleich zu halten oder sogar zu verbessern, führen zu relativ teuren Lösungen. Darüberhinaus sind die Möglichkeiten zur Steigerung der bereits sehr hohen Komponentenzuverlässigkeit begrenzt. Es müssen also neue Ansätze gefunden werden, mittels derer eine zufriedenstellende Gesamtzuverlässigkeit und -Verfügbarkeit hoch komplexer Produktionssysteme erreicht werden kann.

3. Zuverlässigkeit und Verfügbarkeit heutiger Werkzeugmaschinen

3.1 Datenbeschaffung

Wegen der hohen Zuverlässigkeit und damit relativ geringen Ausfallhäufigkeit moderner Produktionsmittel ist eine statistische Erfassung des Ausfallverhaltens nur bei einer hohen Zahl betrachteter Maschinen aussagefähig. Zu geringe Zahl und kurze Beobachtungsdauer verzerren das Ergebnis.

3.1.1 Werkzeugmaschinenhersteller

Die Kundendienste großer Werkzeugmaschinenherstellerfirmen können auf statistisch günstige Voraussetzungen, nämlich hohe Zahl von betrachtbaren Maschinen und längere Beobachtungsdauern, aufbauen. Eine Datenermittlung ist jedoch nur sinvoll, wenn auch eine sorgfältige Dokumentation der Ausfälle und ihrer Ursachen durchgeführt wird. Werkzeugmaschinenhersteller haben zwei Ansatzpunkte zur Beurteilung des Ausfallverhaltens ihrer Maschinen, nämlich den Bedarf an Ersatzteilen und vor allem die Berichte über Kundendiensteinsätze.

Zum gegenwärtigen Zeitpunkt erfolgt die Berichterstattung durch Kundendienstmonteure jedoch erst bei wenigen Werkzeugmaschinenherstellern in einer verwertbaren Form. Dies verlangt nämlich eine exakte Fehlerbeschreibung und Teilebezeichnung. Voraussetzung dazu ist eine eindeutige Kennzeichnung der Teile bzw. Defekte in den Kundendienstberichten, beispielsweise in Form von "Codierungslisten", auf denen die notwendigen Angaben durch Ankreuzen gemacht werden können. Enthalten sein müssen gegenüber der herkömmlichen Art der Serviceberichte zusätzlich:
- Angaben über Alter und Betriebsdauer einer Maschine,
- Art und "Symptome" der Fehlfunktionen,
- defekte Bauteile bzw. Ersatzteile nach Gruppen geordnet (Abb. 3.1),
- Art der Fehler,
- Fehlerursachen, Folgeschäden,
- ausgeführte Tätigkeiten (Inspektion, Justage, Tausch, Reparatur usw.)
- Zeitangaben (Beginn / Ende von Stillstand / Instandsetzung)

Wenn die Berichtsformulare ähnlich ausgeführt sind wie z.B. die Berichtsblät-

ter des TÜV für KFz-Untersuchungen, dann kann ggfs. die Umstellung auf ma-
schinelle Bearbeitung problemlos erfolgen. Eine weitere Möglichkeit für die Zukunft ist die Ausstattung der Monteure mit Kleinterminals, die am Einsatzort
mit den nötigen Angaben im Dialog, evtl. später einmal mit Spracheingabe,
gefüttert werden, und die über Postnetzdienste (Telefonkoppler) oder Austausch
von Datenträgern die abgespeicherten Daten kurzfristig an eine Instandhaltungs-
Zentrale übermitteln.

Bauteile	Teilefehler	Funktionsfehler	Fehlerursache
2o Blech	31 defekt	5o Geräusche	75 andere Gründe
31 Stift	32 fehlt	51 Kontaktfehler	76 Anweisung
33 Feder, mech. Sicherung	33 gebrochen	52 Kriechstrom	(Aufsichtspersoral)
34 Dichtring, Dichtung	34 gelöst	53 Leistung ungenügend	77 Aufstellfehler
36 Kupplung, Riementrieb	35 Korrosion	54 nicht feststellbar	78 Baud - Rate
Zahnrad	36 Kratzer	55 Nullpunkt verstellt	79 Bedienfehler
37 Wälzlager	37 Lackschäden	56 ohne Funktion	8o fehlerhaftes Teil
4o Verschraubung,	38 Riefen	57 schwergängig	81 Fertigungsfehler
Rohr - u. Schlauchleitung	39 verbogen	58 Schwingen (Antrieb)	82 Feuchtigkeit
41 Pumpe, Zylinder,	4o verklemmt	59 Signal falsch	83 Folgeschäden
Getriebe	41 zerstört	6o Signal unterbrochen	84 Fremdkörper
42 Steuerung u. Regelorgan,		61 sporadischer Fehler	85 Herstellereinveisung
Ventil, Druckwächter		62 Teile locker	86 Herstellerunterlagen
44 Filter, Schmierzubehör		63 Überspannung	87 Justagefehler
71 Motor		64 undicht	88 keine Information
72 Transformator		65 unkontrollierter Vorschub	89 Kollision
73 Schalter, Bedienelemente		66 Unterspannung	9o Kurzschluß
Lampe, Bero		67 Vibrationen	91 Lager ausgelaufen
74 Schütz, Motorschutz		68 zuviel Spiel	92 Montagefehler
75 Relais		69 zuwenig Spiel	93 Parameter
76 Meß-u. Zählgerät			94 Programmfehler
Sicherung elt.			95 Sicherungen elt.
77 Leitung, Stecker,			96 Transportschaden
Klemme			97 Überlastung
81 Widerstand			98 Verschleiß
82 Kondensator, Löschglied			99 Wartungsfehler

<u>Abb. 3.1</u> Auszug aus einer Codeliste für Kundendienst-Monteure eines Werk-
zeugmaschinen-Herstellers

Die Maschinensteuerungen können durch integrierte "Logbücher" die Diagnose,
Fehlerbehebung und Ursachenbestimmung erleichtern. Gemeinsam mit Maschi-
nen- und Betriebsdatenerfassung (MDE, BDE) sind solche Ausrüstungen besonders nützlich, ebenso bei Anwendung einer Ferndiagnose über Telefonkoppler.

3.1.2 Werkzeugmaschinenanwender

Vor allem Großbetriebe führen meist in irgendeiner Form Listen über Maschinen, um deren Wirtschaftlichkeit im Einsatz beurteilen zu können. Für Zeitstudien gibt es seit längerem Erfassungsgeräte. Diese Art der Erfassung geht jedoch meist von Interessen der Betriebsorganisation aus. Deshalb werden organisatorische Ausfallursachen im Gegensatz zu technisch bedingten feiner aufgeschlüsselt. Die Geräte lassen deshalb auch meist nur eine Aufteilung in z.B. 9 Stillstandursachen zu, während die technisch bedingten Ausfälle nicht genügend detailliert dokumentiert werden können. Sie sind also zur Schwachstellenanalyse nicht geeignet.

Auch Fertigungs- oder Instandhaltungsabteilungen verfolgen das Betriebs- und Ausfallverhalten von Fertigungsanlagen und Fertigungsmaschinen. Je nach Umfang der Beobachtung und Organisation sind die Aufschreibungen unterschiedlich aufschlußreich.

3.1.3 Unabhängige Beobachtung des Ausfallverhaltens

Eine Beobachtung von Maschinen zum Zweck der Erkennung von Schwachstellen und Beurteilung der Zuverlässigkeitseigenschaften durch objektive Beobachter ist als alleinige Methode der Datenbeschaffung zu aufwendig. Es hat sich jedoch als äusserst zweckmäßig erwiesen, zu einem auszuwertenden Datenmaterial vergleichende Beobachtungen an den Maschinen anzustellen. Begleitende Beobachtungen und Besprechungen mit Maschinenpersonal sind zwar schlecht quantifizierbar, zur Beurteilung und zum Verständnis von Zeitstudienmaterial sind sie jedoch wesentlich /oV8/, /Z3/.

3.2 Analyse von Ausfalldaten

3.2.1 Drehmaschinen

3.2.1.1 Herstellerangaben

Auf der Grundlage des Datenmaterials eines Herstellers einer CNC-Drehmaschine Typ "A" wurden die folgenden Verläufe für die technische Verfügbarkeit, die mittlere Betriebsdauer bis zum Ausfall und die mittlere Instandsetzungsdauer ermittelt (Abb. 3.2).

Die Auswertung wurde für den Zeitraum von März 1982 einschließlich Januar 1983 durchgeführt und umfasst eine mittlere Zahl von ca. 600 Maschinen eines Typs "A", die sich zT. noch in der Gewährleistung befanden. Es fällt auf, daß die erreichte Verfügbarkeit mit im Mittel über 99% sehr hoch lag, bedingt durch sehr hohe störungsfreie Betriebsdauern von über 1000 Stunden.

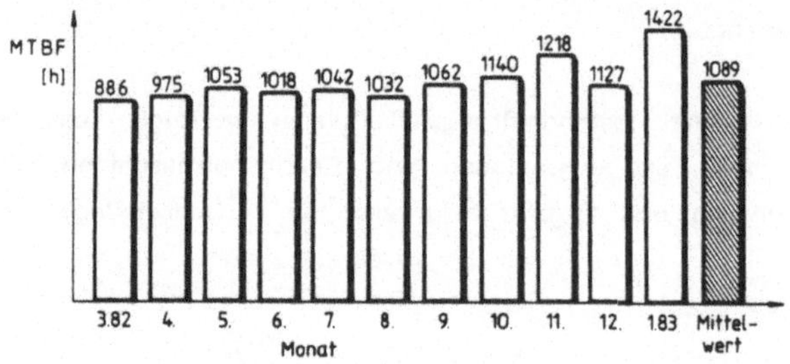

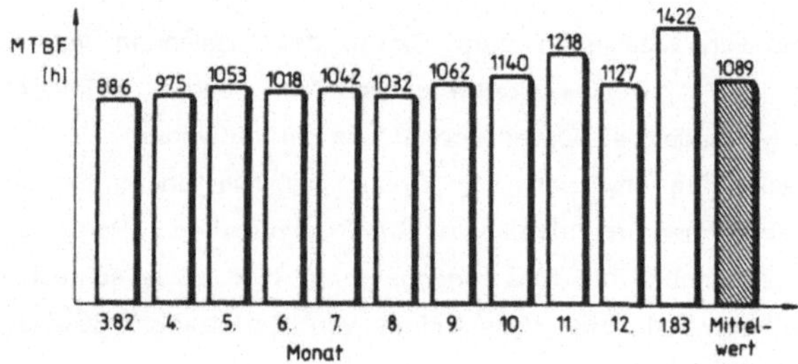

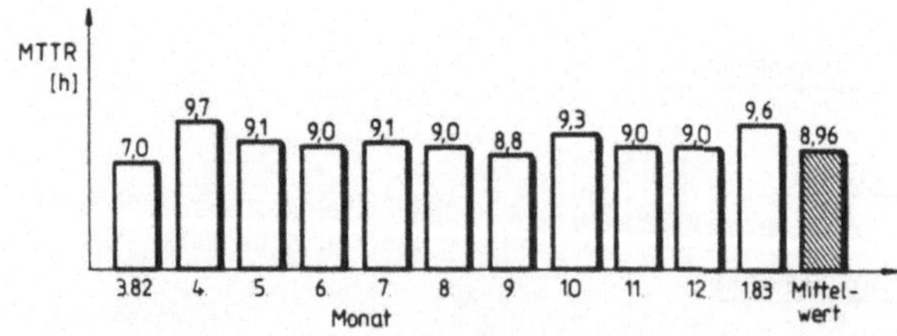

<u>Abb. 3.2</u> Mittlere technische Verfügbarkeit V_t, Störungsabstände MTBF und Störungsdauern MTTR von CNC- Drehmaschien (Typ "A", Hersteller- Kundendienst)

3.2.1.2 Anwenderangaben über NC-Drehmaschinen

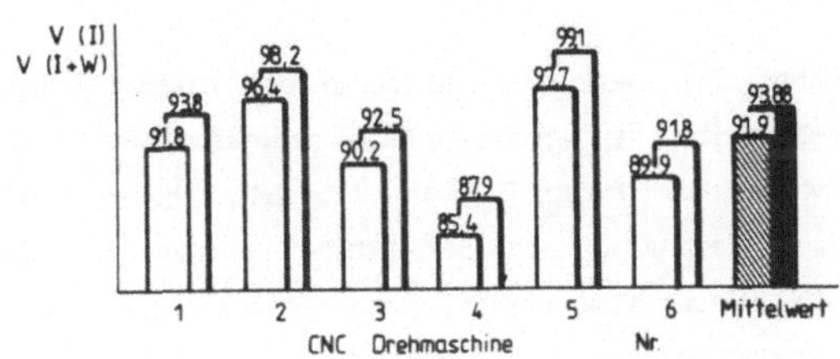

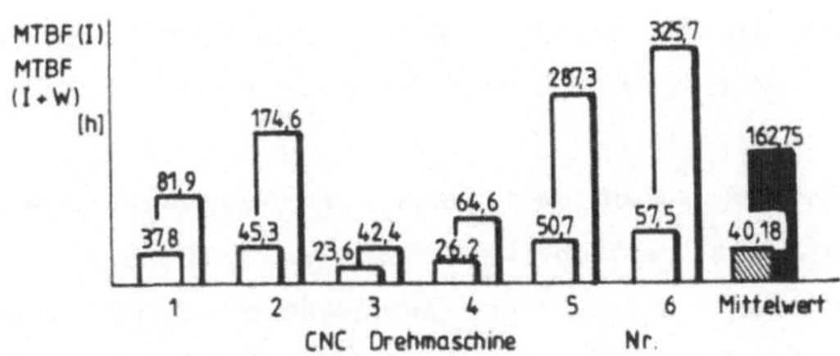

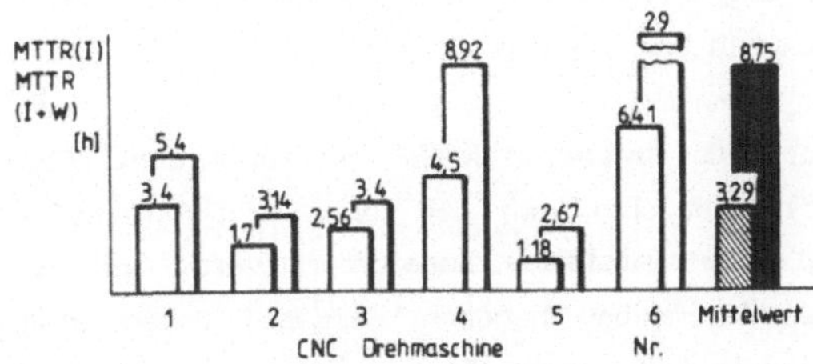

<u>Abb. 3.3</u> Mittlere technische Verfügbarkeit V_t, Störungsabstände MTBF und Störungsdauern MTTR von CNC- Drehmaschinen (Typ "A", Anwenderdaten) (I) = Instandsetzung, (I+W) = Instandsetzung + Wartung

Anmerkung: In den Diagrammen in Kap. 3 werden die "mittleren störungsfreien Betriebsdauern" bzw. die "mittleren Ausfalldauern" kurz als "MTBF" bzw. "MTTR" bezeichnet, obwohl diese Bezeichnungen exakt (DIN 40041) nur für exponentielles Ausfallverhalten definiert sind (s. Anhang)

Aus der Sicht der Instandhaltungsabteilung eines großen Anwenderbetriebes ergeben sich deutlich abweichende Werte für die erreichte technische Verfügbarkeit V_t und den mittleren Ausfallabstand MTBF, während die mittlere Instandsetzungsdauer (obere Werte in Abb. 3.3) gut übereinstimmt.

Die Anwenderstatistik (Abb. 3.3) aus dem Zeitraum von August 1982 einschließlich Dezember 1982 beschreibt typgleiche CNC-Drehmaschinen Typ "A", wie die in Abb. 3.2. Die Maschinen waren 0,5 bis 2,5 Jahre alt und wurden meist im Zweischichtbetrieb zur Fertigung von Serienteilen eingesetzt, wobei ca. 5 Mal je Monat und Maschine umgerüstet wurde. An jeder Maschine stand im Durchschnitt fast ein Bedienungsmann. Nach Auskunft der Bediener behoben diese kleine Störungen selbst, ohne das Instandhaltungspersonal davon zu informieren. Bei bedienungsarmem Betrieb wären also noch höhere Ausfallraten zu erwarten gewesen. Die Maschinen wurden jedoch, da sie vorwiegend zur Deckung von Bedarfsspitzen eingesetzt wurden, nur zu ca. 79% ausgelastet.

Bei Berücksichtigung der Häufigkeit und Dauer von Wartungsvorgängen (untere Werte in Abb. 3.3) wird die <u>Verfügbarkeit</u> zwar nur geringfügig verschlechtert (ca. -2%), jedoch sind die störungsfreien Betriebsdauern MTBF nur mehr 40h (I+W) statt 160h (I), was durch eine vierfach höhere Unterbrechungshäufigkeit durch Wartungseingriffe verursacht wird. Der negative Einfluß auf die Betriebszuverlässigkeit von Fertigungsanlagen mit derart hohen Ausfallraten bei teilweise automatischem Betrieb wird in Kap. 6 verdeutlicht.

Die unterschiedlichen Werte der mittleren MTBF aus Hersteller- (Abb. 3.2) bzw. Anwenderdaten (Abb 3.3), läßt sich zum Teil damit erklären, daß der Herstellerkundendienst nicht zu allen Ausfällen angefordert wird, weil viele Defekte durch die Maschinenanwender selbst behoben werden. Wegen relativ niedriger realer Nutzungsgrade liegt jedoch auch die von den Herstellern angenommene Zeitbasis zu hoch. Nachdem die mittleren Reparaturdauern ungefähr gleich sind, errechnen die Hersteller eine deutlich zu hohe technische Verfügbarkeit V_t.

Aus ungefähr gleichzeitig erstellten Zeitstudien an zwei NC-Langdrehautomaten (Maschine Typ "B"), die durch besonders niedrige Verfügbarkeiten auffielen, werden "Kurzzeitstörungen" besonders deutlich (Abb. 3.4). Die Zeitstudien wurden an zwei Maschinen gleichen Typs, die unterschiedliche Werkstücke herstellten, jeweils während drei Schichten durchgeführt, wobei auch sehr kurze Abläufe noch genau erfaßt wurden. Auf Grund der kurzen Beobachtungsdauern

- 25 -

von jeweils drei Schichten ist zwar kein umfassendes Bild zu erwarten, gerade die häufigen und kurzen Unterbrechungen des Produktionsablaufs treten jedoch deutlich hervor.

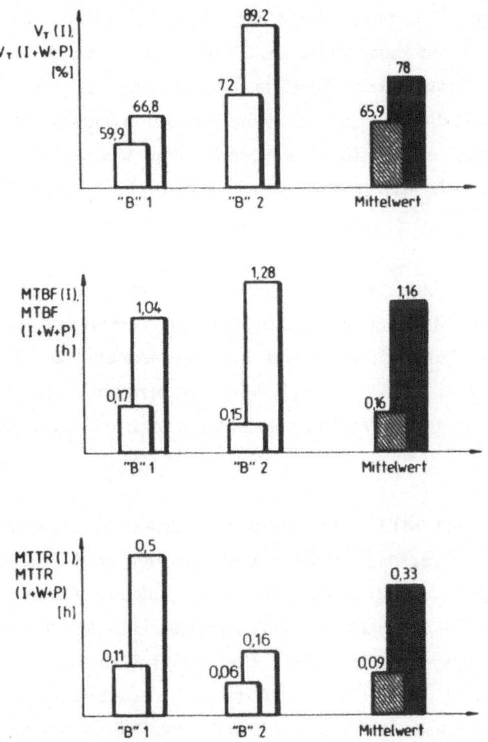

Abb. 3.4 Mittlere technische Verfügbarkeit V_t, Störungsabstände MTBF und Störungsdauern MTTR von NC- Langdrehautomaten (Typ "B", Zeitstudien) (I) = Instandsetzung, (I+W+P) = Instandsetzung + Wartung + Prozeßstörungen

Die Maschinen Typ "B" fertigten Kleinteile in sehr hohen Stückzahlen aus selbständig nachgeladenem Stangenmaterial, und wurden normalerweise in zwei Schichten betrieben. Sie sollten eigentlich weitgehend automatisch laufen und wurden nur von einem Einsteller beaufsichtigt, der gleichzeitig für mehrere andere Maschinen zuständig war. Da bei Mehrmaschinenbedienung der Einsteller nicht sofort nach einer Störungsmeldung zur Stelle war, verging jedes Mal eine gewisse, zu den ablaufbedingten Ausfalldauern zu zählende Wartezeit, bis die Maschine nach meist sehr kurzen Eingriffsdauern wieder weiter lief.

In Abb. 3.4 sind ebenfalls zwei Werte eingetragen, wovon der größere jeweils mit den bisherigen Werten aus Abb. 3.2 und 3.3 vergleichbar und durch die vom Maschinenaufbau bestimmten Ausfälle geprägt ist. Die unteren Werte entstehen durch den zusätzlichen Einfluß von Prozeßstörungen, also beispielsweise durch verwirrte Späne, nicht funktionierende Werkstückversorgung, Werkzeugverschleiß, Werkzeugbruch usw., die sehr haufig einen Eingriff der Einsteller erfordern.

Die Abbildungen zeigen bereits ohne Berücksichtigung der Prozeßeinflüsse sehr niedrige Betriebsdauern MTBF (ca. 1 Stunde) und Störungsdauern MTTR (ca.20 Minuten). Durch den Produktionsvorgang werden jedoch nur mehr Werte von MTBF = 10 Minuten und MTTR = 5,5 Minuten erreicht. Aufgrund der kurzen Unterbrechungsdauern sinkt die Verfügbarkeit trotz der häufigen Stillstände jedoch nicht stark ab.

Die Werte für MTBF und MTTR beschreiben aufgrund der kurzen Beobachtungsdauer nur die kurzen auftretenden Unterbrechungen und sind insofern keine echten Mittelwerte. Sie zeigen deutlich, daß Maschinen, denen Personal zugeteilt ist, zwar eine erträgliche bis gute technische Verfügbarkeit V_t aufweisen und somit für diese Betriebsart gut geeignet sind. Für automatisierten Betrieb mit wenig Personal ist jedoch nicht allein die Verfügbarkeit ausschlaggebend, sondern die hohe Ausfallrate, die insbesondere durch Prozeßinstabilitäten hervorgerufen wird.

3.2.1.3 <u>Literaturvergleich</u>

Eine an einem flexiblen Fertigungssystem zur Herstellung von Rotationsteilen im März 1982 durchgeführte Schwachstellenanalyse /oV8/ gibt für die Drehbearbeitung auf zwei Stationen eine Verfügbarkeit von V_t = 0,89 an. Die Anlagen liefen zum Zeitpunkt der Beobachtung bereits wenige Jahre in der Produktion von scheibenförmigen Teilefamilien und wurden in 3 Schichten betrieben. Die Beobachtung lief über 1 Woche und 20h je Arbeitstag.

Da die Drehmaschinen als Zweispindel-NC-Drehmaschinen mit unabhängig arbeitenden Spindeln ausgeführt sind, kann die Verfügbarkeit jeder einzelnen Spindel zu $V_S = 0,94$ (für serielle Abhängigkeit) ermittelt werden. Dies deckt sich ungefähr mit den in Abb. 3.3 dargestellten Ergebnissen.

Über alle 4 Spindeln gemittelte Werte MTBF = 1,7h und MTTR = 0,11h kommen dagegen den in Abb. 3.4 wiedergegebenen Meßergebnissen sehr nahe, wobei auch hier die prozeßabhängigen Unterbrechungen ausschlaggebend sind (Abb. 3.5).

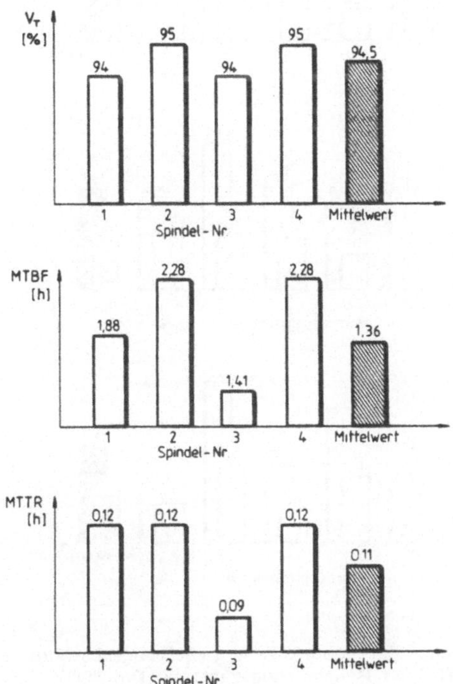

Abb 3.5 Mittlere technische Verfügbarkeit V_t, Störungsabstände MTBF und Störungsdauern MTTR der Spindeln einer Drehbearbeitungszelle mit 2 Doppelspindel-CNC-Drehmaschinen (nach /oV8/)

Ältere Literaturstellen /B4/ verweisen auf Umfrageergebnisse, nach denen für Drehbearbeitung eine Verfügbarkeit von durchschnittlich V_t = 92% üblich ist.

3.2.2 Fräs- / Bohrbearbeitung

3.2.2.1 Anwenderdaten

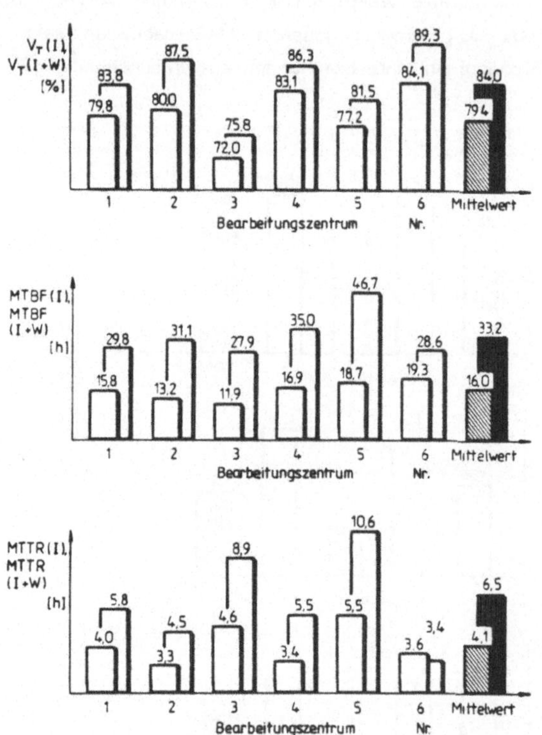

<u>Abb 3.6</u> Mittlere technische Verfügbarkeit V_t, Störungsabstände MTBF und Störungsdauern MTTR von Bearbeitungszentren (Typ "D").
(I) = Instandsetzung, (I+W) = Instandsetzung + Wartung

Analog Abschnitt 3.2.1.2 wurden bei demselben Betrieb auch 6 Bearbeitungszentren Typ "D" anhand von Zeitschrieben der Betriebsabteilung ausgewertet. Die Maschinen liefen seit 0,5 bis 2 Jahren unter gleichen Betriebsbedingungen wie die Maschinen Typ "A" dieser Firma, also mit einem der Maschine zugeteilten Bedienungsmann, fast durchweg im Zweischichtbetrieb und mit ca. 4 verschiedenen Werkstücken je Maschine und Monat. Die Beobachtung wurde von den gleichen Leuten durchgeführt, stammt aus dem gleichen Zeitraum (August 1982 einschließlich Dezember 1982) und läßt somit in dieser Hinsicht einen guten Vergleich mit den in Abb. 3.3 dargestellten Auswerteergebnissen zu. Der aufgrund organisatorisch bedingter Ausfallzeiten erreichte Nutzungsgrad lag nur bei ca. 61% (Einsatz zur Deckung von Bedarfsspitzen).

Im Vergleich zu Abb. 3.3 sind folgende Unterschiede bemerkenswert:

- Die mittlere technische Verfügbarkeit V_t ist mit ca. 84% deutlich niedriger als bei Drehmaschinen mit 94%.
- Wartungsarbeiten haben einen starken Einfluß auf die Verfügbarkeit (ca. 5%).
- Die störungsfreie Betriebsdauer liegt mit 33 bzw. 16 Stunden nur bei 1/3 bis 1/4 der Drehmaschinenwerte.
- Die mittlere Reparaturdauer ist kleiner, die mittlere Wartungsdauer dagegen deutlich höher als bei Drehmaschinen.

Diese Werte erklären sich aus dem höheren technischen Aufwand und der größeren Komplexität der Maschinen und der Bearbeitung, wodurch die Ausfallhäufigkeit und der Instandhaltungsaufwand steigen muß. Aus den Ergebnissen läßt sich eine ca. 4 mal so hohe Ausfallhäufigkeit ablesen gegenüber Abb. 3.3 für Typ "A". Bei automatisiertem Betrieb haben diese Maschinen also gegenüber den Drehmaschinen wegen ihrer geringeren Zuverlässigkeit Verfügbarkeitsnachteile.

3.2.2.2 Literaturvergleich

In /B4/ wird für Bearbeitungszentren eine aus Umfragen ermittelte Verfügbarkeitsverteilung angegeben, für deren Zentralwert eine technische Verfügbarkeit von V_t = 91% errechnet werden kann. Dies erscheint im Vergleich zu den hier ermittelten Werten zu optimistisch, insbesondere bei Berücksichtigung des Alters der Umfrage. In /oV8/ werden beispielsweise für Bohrbearbeitung innerhalb eines flexiblen Fertigungssystems (Beobachtung 1982) im Mittel Verfügbarkeiten von V_t = 85% angegeben.

3.2.3 Starr automatisierte Produktionsmaschinen

In Zeitstudien über durchschnittlich drei Tage an starr automatisierten Drehmaschinen (Mehrspindeldrehautomaten) wurden durchweg hohe Verfügbarkeiten von V_t = 98% ermittelt. Jedoch waren auch bei diesen Maschinen relativ kurze störungsfreie Betriebsdauern und Störungsdauern aufgetreten, die hauptsächlich durch den Prozeß selbst bedingt waren.

Zu einem ähnlichen Ergebnis kann man auch für starr automatisierte Fräs- und Bohrbearbeitung kommen, wenn man das Ausfallverhalten von Transferstrassen betrachtet. Bei einer Transferstraße bestanden die in sich starr gekoppelten Sektionen für Bohr- und Fräsbearbeitung zB. aus ca. 20 Bearbeitungsstationen. Die Verfügbarkeit einzelner Sektionen lag meist um 70% (Abb. 3.7 und 3.8).

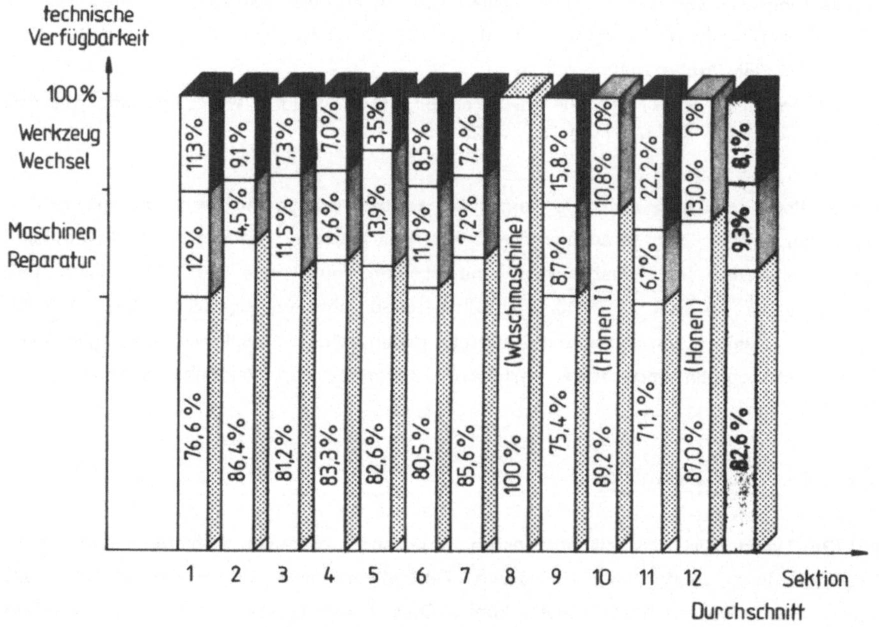

<u>Abb. 3.7</u> Nutzlaufzeit, Instandsetzungszeit und Werkzeugwechselzeit der Sektionen einer Transferstraße (nach /oV3/)

Nach der Wahrscheinlichkeitsrechnung für seriell verknüpfte Funktionseinheiten (s. Anhang, Gleichung A.1) ergibt sich für die Einzelstation eine Verfügbarkeit von $V_{Station} = V_{Sektion}^{1/20}$ = 98,2%. Bei Berücksichtigung der Annahme, daß keine Station während des Ausfalls einer anderen ausfallen kann, errechnet sich sogar eine Verfügbarkeit von $V_{Station}$ = 98,5% (entsprechend der Annahme "unvereinbarer" Ereignisse: $U_{Station} = U_{Sektion}/20$).

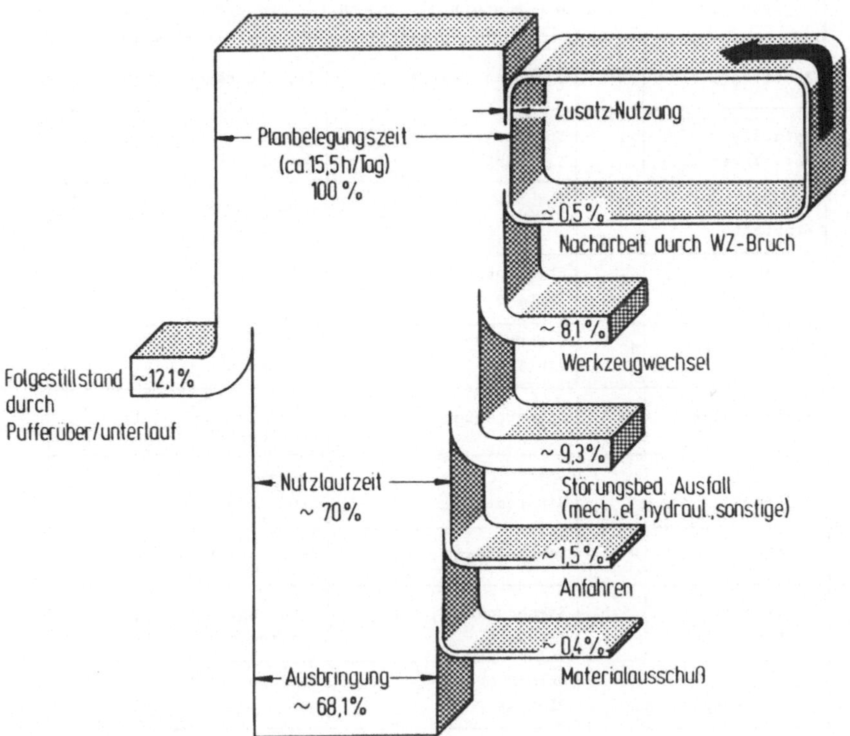

<u>Abb. 3.8</u> Nutzungsschaubild nach den Projektierungsdaten einer Transferstraße (nach /oV3/)

3.3 <u>Ausfallursachenanalyse</u>

3.3.1 <u>Herstellerdaten</u>

Eine sinnvolle Ursachenanalyse, aus der auch Wahrscheinlichkeitsverteilungen erkennbar sind, ist nur bei einer Beobachtung von vielen Maschinen über längere Zeiträume erstellbar. Nur die Werkzeugmaschinenhersteller sind deshalb praktisch in der Lage, aus den bei den Kunden auftretenden Schäden eine bauteilbezogene Schwachstellenanalyse durchzuführen.

	Quartal 1		Quartal 2		Quartal 3	
	Bauteil	Ausfälle	Bauteil	Ausfälle	Bauteil	Ausfälle
1	Scheibenrevolver	50	Scheibenrevolver	47	Scheibenrevolver	32
2	Spindel-Verstärker	21	Spindel-Verstärker	18	Spindel-Verstärker	21
3	Spann-Einrichtung	15	Pinole	17	Steuerungs-Software	24
4	Steuerungs-Software	12	Steuerungs-Platine "A"	15	Pinole	15
5	Hauptantrieb	12	Lageregler-Platine	13	CNC allgemein	14
6	Interpolator	11	Interpolator	12	Steuerungs-Platine "B"	14
7	Lageregler-Platine	10	Spann-Einrichtung	12	Spann-Einrichtung	13
8	Pinole	9	Hauptantrieb	10	Revolverantrieb	10
9	Steuerungs-Platine "C"	9	Steuerungs-Software	10	Steuerungs-Platine "C"	8
10	Zusatz-Einrichtung	9	Steuerungs-Platine "C"	10	Tachogenerator	8

Abb. 3.9 Schwachstellen eines Drehmaschinentyps in der Reihenfolge ihrer Ausfallhäufigkeit

Das Ergebnis einer solchen Schwachstellenanalyse aus drei Quartalen ist in Abb. 3.9 zu sehen. Trotz der sehr großen Zahl von über 600 Maschinen sind die je Quartal, entsprechend ca. 663 Betriebsstunden, auftretenden Ausfallhäufigkeiten, auch der unzuverlässigsten Bauteile niedrig. Erklärend muß hinzugefügt werden, daß gerade beim Scheibenrevolver häufig von den Anwendern verursachte Kollisionen zu der hohen Ausfallzahl beitragen. Somit kann erst der Spindelverstärker (Pos. 2) als "Schwachstelle" bezeichnet werden, wobei entsprechend der Ausfallhäufigkeit des Spindelverstärkers die Zuverlässigkeit einer Maschine nur um ca. 3% je 3 Monate abnimmt.

Bereits bei den folgenden 8 Positionen und natürlich noch mehr bei den hier nicht mehr aufgeführten Ausfallursachen ist keine konstante Ausfallhäufung mehr bei einem bestimmten Bauteil festzustellen. Dies liegt nur zum Teil an der statistisch zu geringen Anzahl und damit der Zufälligkeit der Ereignisse.

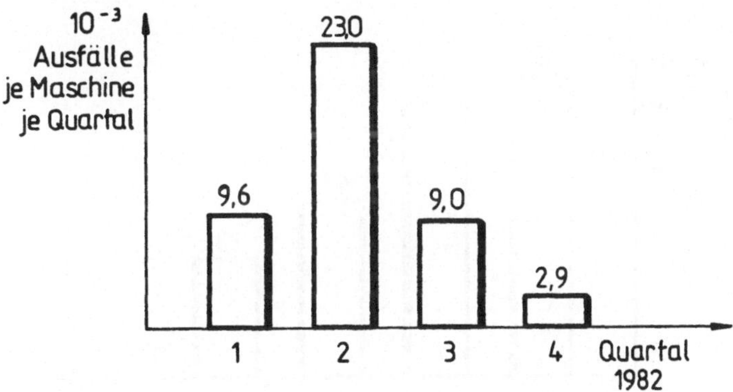

<u>Abb 3.10</u> Vorübergehend hohe Ausfallhäufigkeit eines ansonsten zuverlässigen Bauteils (Steuerungsbaugurppe) infolge von Detailänderungen

Eine wichtige Ursache für dieses zufällige Ausfallverhalten sind Schwankungen der Zuverlässigkeit einzelner Bauteile. Dabei werden aufgrund der aufwendigen Qualitätssicherungsarbeit der Hersteller und der eng umrissenen Pflichtenhefte für Zulieferteile die meisten unzuverlässigen Teile schon <u>vor</u> der Auslieferung ("a priori") ausgesiebt. Aufgrund dieser intensiven Qualitätsüberwachung in allen Herstellungsstadien sind die hohen Zuverlässigkeiten heutiger Fertigungsanlagen überhaupt erst erreicht worden.

Alle Test-, Prüf- und Überwachungsvorgänge haben jedoch ihre Grenzen. Deshalb kommt es immer wieder vor, daß Bauteile zum Einsatz gelangen, deren Betriebsverhalten nicht den gestellten Anforderungen in der Anwendung genügt. Um solche Ausfallursachen erkennen zu können, ist erst der Rückfluß entsprechender Kundendienstdaten und ihre statistische Auswertung erforderlich. D.h., unzureichende Zuverlässigkeit ist teilweise erst im Nachhinein ("a posteriori") erkennbar. Dies dauert erhebliche Zeit, innerhalb der sich Maschinenausfälle aufgrund von Zuverlässigkeitseinbrüchen bereits merklich häufen können(Abb. 3.10).

Nach der Feststellung der Ausfallursachen lassen sich meist geeignete Teststrategien finden, die die jeweiligen Fehler erkennen könnten (Abb. 3.11).

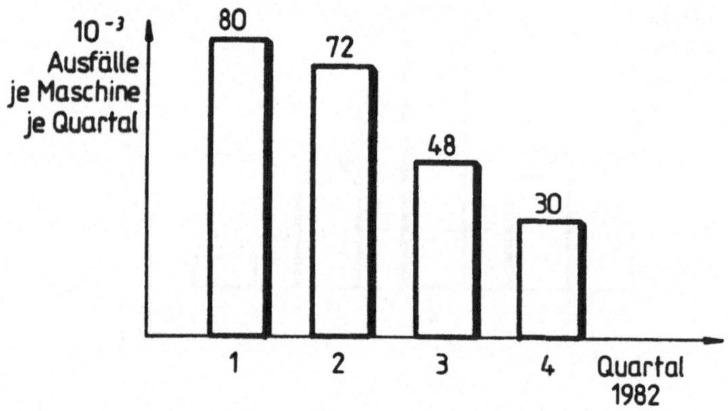

Abb 3.11 Absinkende Ausfallhäufigkeit einer erkannten Schwachstelle (zB. Werkzeugrevolver) infolge von Konstruktionsänderungen

Derartige Ausfallursachen können beispielsweise sein:
- Trotz Liefervereinbarungen nicht oder nicht ausreichend getestete oder "eingebrannte" Bauteile,
- In den Liefervereinbarungen nicht erfaßte Eigenschaften, z.B. Materialqualität oder Herstellungsart normalerweise unkritischer Bauteile, Art der Verpackung, des Korrosionsschutzes usw.,
- ungeeignete Testmethoden bei geänderten Bauteilen, z.B, unerwartete Alterung, die während der Einlauf- und Funktionstests noch nicht auftritt.

Solche Ausfallursachen können meist auch bei größter Sorgfalt nicht von vornherein vermieden und durch erweiterte Prüfmethoden ausgesiebt werden. Daraus folgt letztlich, daß auch bei größten Anstrengungen der Qualitätssicherung herkömmlicher Art ein gewisser Grundpegel ("Grundrauschen") der Bauteil-Ausfallwahrscheinlichkeit nicht unterschritten werden kann.

Die Zuverlässigkeit der Steuerungssoftware von flexiblen automatisierten Fertigungsmaschinen unterliegt in vieler Hinsicht denselben Regeln wie sonstige Maschinenkomponenten. So zeigen sich auch bei der Software unerwartete Zuverlässigkeitsschwankungen. Ursache ist meist die Komplexität, hervorgerufen durch das Streben nach möglichst geringem Speicherplatzbedarf und schnellem Programmablauf: Wenn derartige Programmsysteme im Rahmen der Softwarepflege an einzelnen Stellen im Programm geändert werden, stellen sich häufig an ganz anderen Stellen unerwartete Fehler ein (Abb. 3.12).

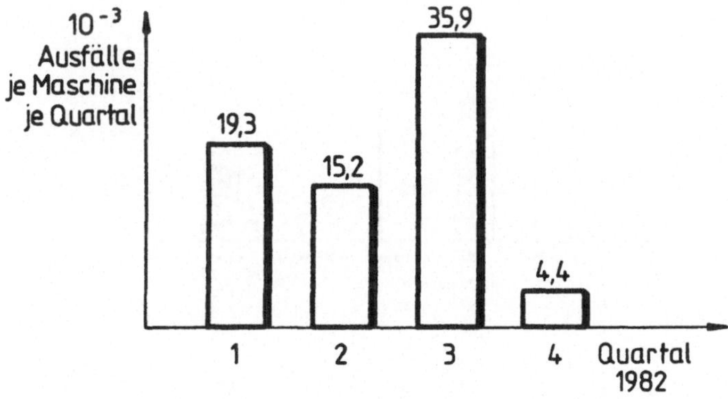

Abb 3.12 Sprünge der Ausfallhäufigkeit durch Softwarefehler

Infolge der Komplexität und des Umfanges der Steuerungssoftware - modern ausgestattete Drehmaschinen mit Sensorik und Handhabung weisen bereits einige 100 kByte Programmcode auf - ist ein vollständiges Austesten und Verifizieren (= Nachweisen der Fehlerfreiheit) nicht mehr möglich.

Diese Schwierigkeiten treten natürlich auch bei neuen Steuerungen auf, wobei hier noch zusätzlich mit Hardwarefehlern zu rechnen ist. So waren beispielsweise bei einer Schwachstellenanalyse an Werkzeugfräsmaschinen, die mit neuen Steuerungstypen ausgerüstet worden waren, 20% der Ausfälle Steuerungsfehlern zuzuordnen /N2/. Dabei waren die Maschinen geraume Zeit vor Beginn der Auslieferung umfangreichen Tests unterzogen worden, und aufbauend auf eine systematische Teststrategie (/W1/, /Z1/) eine Vielzahl von überwiegend Softwarefehlern entdeckt und beseitigt worden.

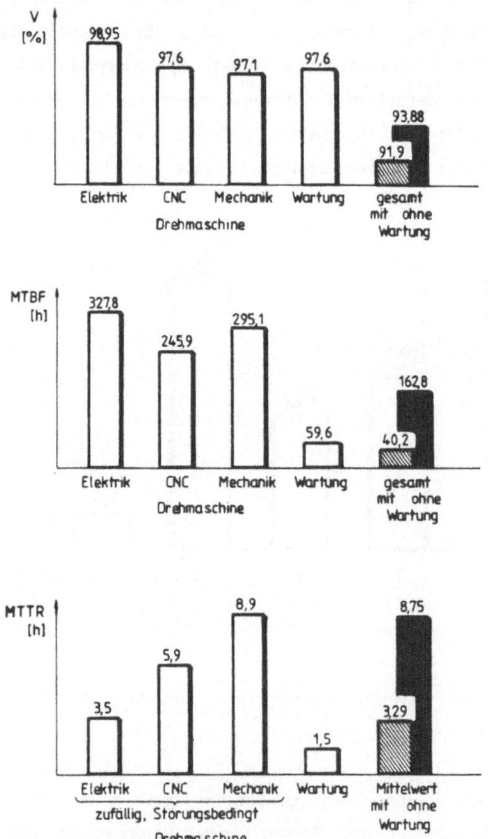

<u>Abb 3.13</u> Funktionsbereichsbezogene Schwachstellenanlyse an einer CNC- Drehmaschine Typ "A" (vgl. Abb. 3.3)

Diese Beispiele sollen zeigen, daß allein durch Anwendung der bekannten Methoden der Qualitätssicherung - höhere Programmiersprachen, strukturierte Programmierung, modularer Softwareaufbau, Entwurfshilfen, usw.- speziell in der

Softwareherstellung eine vollständige Fehlerfreiheit kaum erreichbar ist /L2/. Um die Softwarezuverlässigkeit weiter zu steigern, kann also nicht ausschließlich die "Perfektions"- Strategie ("Intoleranz"-, "Zero- Defekt"- Strategie) angewandt werden, sondern es muß auch die "Fehlertoleranz"- Strategie verfolgt werden. D.h.: Auch die Software muß so aufgebaut werden, daß Fehler und Teilausfälle nicht zum Gesamtausfall einer Steuerung bzw. Maschine führen können.

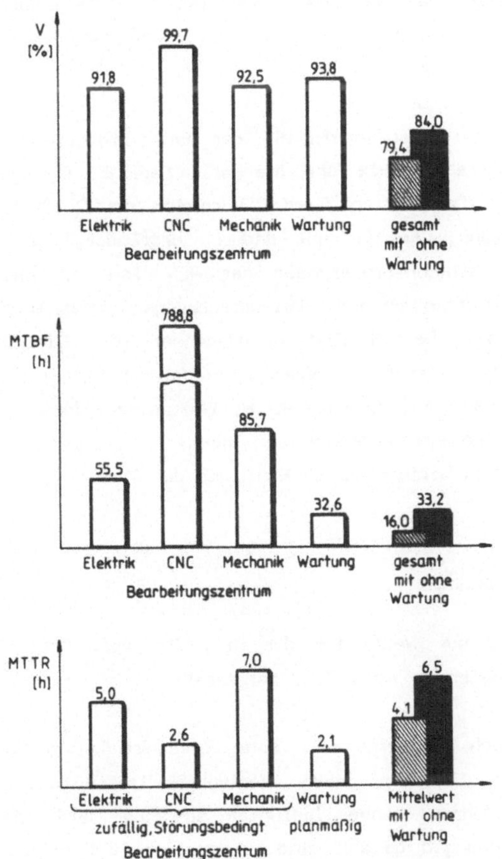

Abb 3.14 Funktionsbereichsbezogene Schwachstellenanalyse an einem Bearbeitungszentrum Typ "D" (vgl. Abb. 3.6)

3.3.2 Anwenderdaten

Die Anwender haben wegen der geringen Zahl betrachtbarer Maschinen nicht die Möglichkeit, auswertbare Schwachstellenanalysen auf Bauteilebene durchzuführen. Jedoch können Analysen auf der Ebene von Funktionskomplexen oder anderen gröberen Einteilungen durchaus aufschlußreiche Ergebnisse zeigen. Verbreitet ist eine Einteilung der Ausfallursachen in die Bereiche Elektrotechnik, NC / Elektronik und Mechanik mit Hydraulik und Pneumatik. Die Einteilung der Stillstandsursachen an den Maschinen Typ "A" (NC- Drehmaschine, Abb. 3.3) und Typ "D" (Bearbeitungszentrum, Abb. 3.6) nach diesem Schema zeigen Abb. 3.13 und Abb. 3.14.

Die insgesamt höhere Ausfallhäufigkeit der Bearbeitungszentren ist vorwiegend durch die komplexere Elektrik und Mechanik bedingt. Dagegen stellt sich bei den Drehmaschinen Typ "A" in diesem Vergleich die CNC-Steuerung als etwas unzuverlässiger heraus. Dies ist mit dadurch begründet, daß in den herstellerspezifischen Drehmaschinen-Steuerungen der PC- Teil mit integriert ist, während die Bearbeitungszentren mit Seriensteuerungen ausgerüstet sind, und deshalb der PC-Teil zum Bereich Elektrik gerechnet wird. Die Steuerungen erweisen sich insgesamt als sehr zuverlässig. Auffallend häufig tauchen bei beiden Maschinentypen Betriebsunterbrechungen zu Wartungszwecken auf. Bemerkenswert ist weiterhin, daß die Instandsetzung von mechanisch bedingten Ausfällen deutlich länger dauert, als von Fehlern der Elektrik und der Steuerungen.

3.3.3 Literaturvergleich

Zum Vergleich sind die Werte für das in /oV8/ (vgl. Abb. 3.5) beschriebene flexible Fertigungssystem in Abb. 3.15 dargestellt.

Die CNC weist auch hier eine sehr hohe Zuverlässigkeit auf, ähnlich Hydraulik und Pneumatik. Ein sehr großer Verfügbarkeitsverlust ist auf mechanische Störungen zurückzuführen, wobei hierunter allerdings auch die vielen prozeßbedingten Unterbrechungen gezählt sind. Auch hier fällt wieder die nur bei direkter Beobachtung zugängliche hohe Zahl kurzer Unterbrechungen auf, die hinsichtlich einer Automatisierung Probleme bringt.

Schon in einer nur ca. 5 Jahre alten Literaturstelle über Ausfallhäufigkeiten

und -Ursachen /B4/ sind die Schwachstellen noch eindeutig in der Elektrik und
Elektronik bzw. NC zu finden (55%). Die Entwicklung hat demnach bereits deutliche Fortschritte gebracht, sodaß Anlagen solchen Alters nicht mehr zum Vergleich herangezogen werden können.

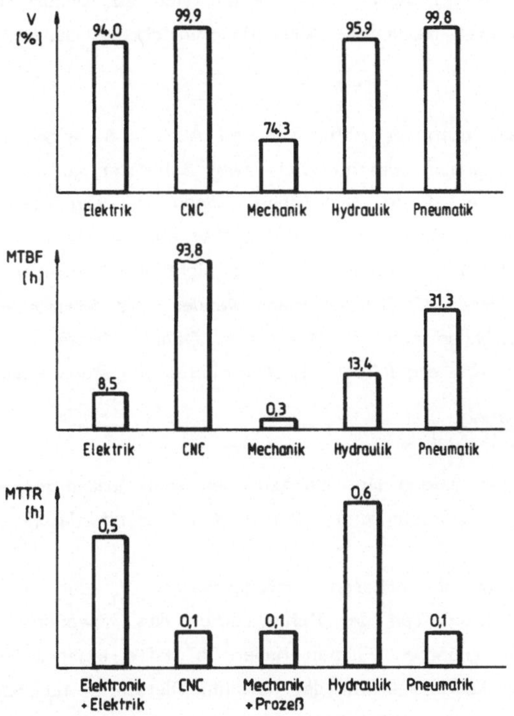

<u>Abb 3.15</u> Funktionsbereichsbezogene Schwachstellenanalyse an einem flexiblen
Fertigungs-System (nach /oV8/)

3.4 Diskussion der Ergebnisse

Für die automatisierte Fertigung mit wenig Personalaufwand ist eine hohe technische Verfügbarkeit im bedienerlosen Betrieb gefordert. Damit die Verfügbarkeit in den personalarmen Schichten nicht zu schnell abfällt, müssen darüberhinaus die Ausfallabstände MTBF möglichst groß sein. Dadurch und durch möglichst kurze Unterbrechungsdauern MTTR muß der Instandhaltungsaufwand auf

einen wirtschaftlich tragbaren Umfang beschränkt werden.

Die von Maschinenherstellern ermittelten Verfügbarkeiten V_t = 99% und Ausfallabstände MTBF = 1100h liegen über den bei Anwenderfirmen tatsächlich erreichten Werten. Diese "Erfahrungslücke" ergibt sich aus unzureichender Datenversorgung der Hersteller durch die Anwender hinsichtlich der Ausfälle und der Auslastung:

Aus den Anwenderbasisdaten für Abb. 3.3 und Abb. 3.6. ergab sich zwar eine geplante Nutzung in nahezu ausschließlich zwei Schichten je Tag, die tatsächliche Auslastung lag bei diesen Maschinen jedoch aus organisatorischen Gründen nur bei 79% für die Drehmaschinen Typ "A" und bei 61% für die Bearbeitungszentren Typ "D". Diese Werte sind zwar nicht repräsentativ, jedoch lasten auch die meisten anderen CNC-Maschinenanwender ihre Maschinen aus organisatorisch bedingten Gründen nicht 100%-ig aus. Daher dürften die Angaben über die ausfallfreien Betriebsdauern in den Herstellerdaten um einen Faktor

$$\frac{\text{geplante Auslastung}}{\text{tatsächliche Auslastung}}$$

überhöht sein. Dagegen zeigen sich nahezu identische Instandsetzungsdauern von MTTR = 8,96h in den Hersteller- und 8,75h in den Anwenderdaten.

Ein weiterer Grund für die höheren Verfügbarkeiten V_t aus den Herstellerangaben liegt darin, daß ein Teil der Fehler durch den Anwender selbst behoben wird. Inbesondere die größeren Firmen haben ja dafür eigenes Instandhaltungspersonal. Über solche Ausfälle erhält der Maschinenhersteller nur begrenzt Kenntnis, zB. über den Bedarf an Ersatzteilen.

Die bei den Maschinenanwendern festgestellten Verfügbarkeiten von ca. 90% fürs Drehen bzw. 80% fürs Fräsen treten bei mittleren Ausfallabständen MTBF = 40h bzw. 16h (Abb. 3.3 bzw. Abb. 3.6) auf, weshalb ein rascher Abfall der Verfügbarkeit im einschichtig bzw. zweischichtig personalarmen Betrieb zu erwarten ist.

Die mittels Zeitstudien gewonnenen Zahlen geben deutlich den Hinweis, daß Störungen aus dem Spanungsprozeß selbst - Werkzeugverschleiß, Werkzeugbruch, dynamische Instabilität, unzureichende Reproduzierbarkeit der Spanungsparameter, Spanabfluß, Kühlmittelzufuhr usw. - sowie durch prozeßnahe Vorgänge -

Werkstücktransport und -Handhabung, Werkzeughandhabung, Späneentsorgung usw. - in sehr kurzen Abständen auftreten. Aus Abb. 3.4 kann man MTBF-Werte von etwas über 10 min. allein aus prozeßbedingten Unterbrechungen bei starr automatisierten Drehvorgängen entnehmen. Hauptsächlich durch den Prozeß bedingte Ausfälle kommen nach den in /oV8/ durchgeführten Beobachtungen von flexibel automatisierten Fertigungssystemen im Mittel alle 18 min. vor (Abb. 3.15).

Diese extrem niedrige Zuverlässigkeit des Spanungsprozesses ist der Anlaß für die vielfältigen Anstrengungen, durch leistungsfähige Sensorik, Meß-, Regel- und Automatisierungstechnik im spanungsprozeßnahen Bereich für stabile Abläufe zu sorgen /A1/, /B8/, /R5/, /W3/.

3.5 Bedeutung der Ergebnisse für zukünftige Fertigungsstrukturen

Am Beispiel eines flexibel automatisierten Fertigungssystems lassen sich die Auswirkungen der zunehmend komplexen Struktur einer Fertigungsanlage verdeutlichen. Die eingesetzten Zahlen der Werte für die Verfügbarkeiten sind den weiter vorne aufgeführten Ermittlungen entnommen bzw. an Hand von Erfahrungswerten der einschlägigen Bereiche geschätzt.

Gerade die Mittel zur Stabilisierung und Automatisierung der gesamten Abläufe können also die Zuverlässigkeit und Verfügbarkeit komplexer Systeme empfindlich beschränken durch die große Anzahl beteiligter Komponenten und deren gegenseitige Abhängigkeit (Abb. 3.16; Annahme: logische Serienschaltung - in dieser Skizze ist der Einfluß einer Entkopplung durch Zwischenpuffer in den einzelnen Materialflüssen - Werkstücke, Werkzeuge und Hilfsstoffe - noch nicht berücksichtigt).

An vielen Stellen werden die konventionellen Methoden zur Verfügbarkeitssicherung nicht ausreichen oder sehr hohe Kosten verursachen. Deshalb müssen neue Ansätze gefunden werden. Die Betrachtung anderer technischer Bereiche mit hohen Anforderungen an Sicherheit und Zuverlässigkeit von Anlagen und Geräten kann wichtige Hinweise geben.

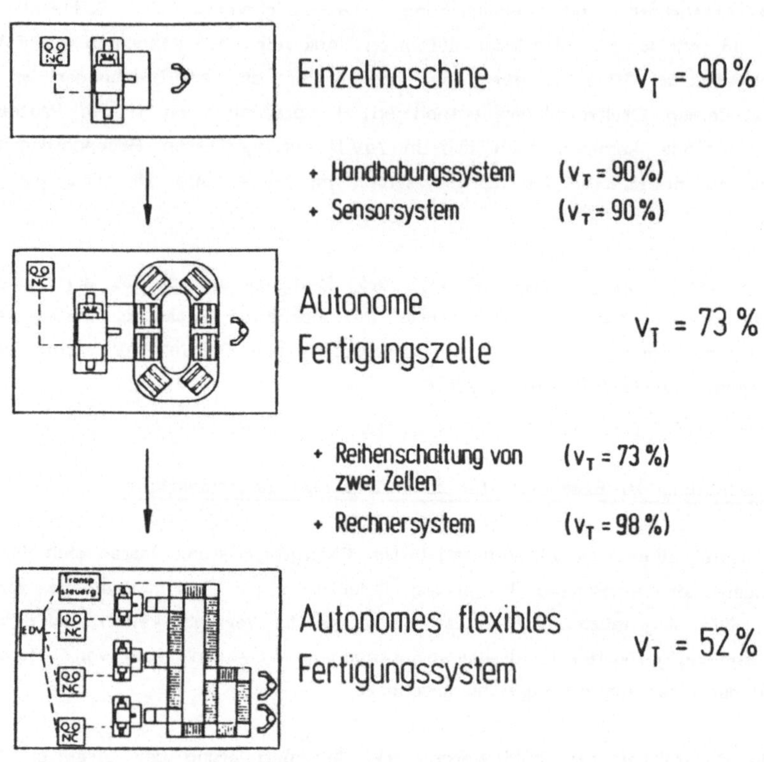

Abb 3.16 Abnahme der Verfügbarkeit bei zunehmend komplexem Aufbau eines Fertigungssystems

4. Redundanzen - Ein Ansatz zur Verbesserung der Verfügbarkeit

4.1 Vorbemerkungen

Die deutliche Steigerung der Zuverlässigkeit und Verfügbarkeit von Produktionssystemen ist ein wichtiges Entwicklungsziel. Aus den Erkenntnissen in anderen
technischen Bereichen, zB. Luft- und Raumfahrt, Energietechnik, Verkehrstech-
nik usw., ist ersichtlich, daß der Einbau und die Nutzung von Redundanzen
ein erfolgversprechender Weg zur Erhöhung der Zuverlässigkeit und Verfügbarkeit ist. Ursachen für Ausfälle von technischen Systemen oder Komponenten
können sein:

1. Konstruktionsfehler (Frühausfälle)
2. Abnutzungs- oder alterungsbedingte Eigenschaftsänderungen von Bauteilen
   bei vorgesehener Belastung (Verschleißausfälle)
3. Ausfälle durch nicht vorgesehene Beanspruchung (Überlastung)

Zu 1.:
Konstruktionsfehler sind bei komplexen technischen Systemen nicht sicher vermeidbar. Andererseits ist bei hoher Komplexität auch nicht jede im Betrieb
auftauchende Beanspruchung durch Tests simulierbar, so daß Konstruktionsfehler z.T. erst nach längeren Betriebsdauern "zufällig" auftreten.

Zu 2.:
Den Verschleißausfällen liegt immer ein physikalischer Vorgang zugrunde. Wenn
der Ablauf dieses Vorganges oder die Einflußgrößen auf das Ausfallverhalten
bekannt sind, kann der Ausfallzeitpunkt vorherbestimmt werden (kausales Verhalten). Dies ist praktisch nur selten mit ausreichender Genauigkeit möglich.
Die Einflußgrößen sind praktisch nämlich meist nicht exakt genug meß- oder
reproduzierbar, so daß zufällige Streuungen auftreten.

Viele Vorgänge, die zu Ausfällen führen, sind bei technischen Geräten physi-
kalisch nicht mehr meß- oder reproduzierbar, so daß die Ausfallzeitpunkte grundsätzlich zufällig erscheinen.

Zu 3.:
Die Zeitpunkte, zu denen eine Maschine durch falsche Programmierung, Bedienung, Wartung, also "menschliches Versagen", oder Umgebungsbedingungen usw.

unsachgemäß beansprucht wird und deshalb ausfällt, sind ebenfalls weitgehend zufällig verteilt.

Über die Einzelausfälle sind also meist keine gesicherten Aussagen möglich. Die Wahrscheinlichkeitstheorie läßt jedoch Schlüsse über das Verhalten grösserer Anzahlen ähnlicher Vorgänge zu. Auf dieser Grundlage werden im folgenden Betrachtungen angestellt, um zu Aussagen zu gelangen, wie die Zuverlässigkeit moderner Fertigungsmaschinen gesteigert werden kann. Die Zuverlässigkeit sei hier entsprechend der Definition nach DIN 40041, Absatz 1.13 verstanden als "Die Fähigkeit einer Betrachtungseinheit, innerhalb der vorgegebenen Grenzen denjenigen durch den Verwendungszweck bedingten Anforderungen zu genügen, die an das Verhalten ihrer Eigenschaften während einer gegebenen Zeitdauer gestellt sind". Damit ist also nicht nur Totalausfall angesprochen, sondern auch Nichterfüllung gegebener Ansprüche an die Ausgangsgrößen, z.B. Werkstück- -Qualität, Wirtschaftlichkeit usw. unter bestimmten Umgebungsbedingungen.

4.2 Verfügbarkeit von Parallelschaltungen

Logische Parallelanordnung von Bausteinen, Baugruppen oder Funktionen bewirkt eine starke Senkung der Ausfallwahrscheinlichkeit (s. (A.4)). Redundante Bauweise ist gekennzeichnet durch Parallelanordnung von gleichartigen Einheiten, von denen bei Fehlerfreiheit bereits _eine_ zur Funktionserfüllung reichen würde.

Um den nutzbaren Zuverlässigkeitsgewinn durch redundante Bauweise abschätzen zu können, sind jedoch einige praktische Gesichtspunkte zu berücksichtigen:

1. Redundant aufgebaute Systeme sind infolge der höheren Anzahl von Bauteilen komplexer und umfänglicher als nicht redundante.
2. Höhere Teilezahlen und steigender Konstruktions- und Bauaufwand erhöhen Herstell- und Testkosten.
3. Die Anzahl der Einzelausfälle von Bauteilen steigt mit deren Anzahl. Das bedeutet aber, daß die Anzahl der Instandsetzungsvorgänge u.U. bei redundantem Aufbau zunimmt.
4. Der Zuverlässigkeitsgewinn ist bei gleicher Erhöhung des Redundanzgrades umso höher, je niedriger die Komplexitätsstufe ist, in der die Redundanz eingebaut wird; d.h., die Zuverlässigkeit ließe sich am wirkungsvollsten durch Redundanzerhöhung in der _Bauteil_ebene steigern; dem stehen jedoch prak-

tische Gründe entgegen.

Ein Vorteil des redundanten Aufbaues von Systemen liegt darin, daß sich Bauteilausfälle nicht unmittelbar auf die Systemfunktion auswirken. Dadurch kann
die Instandsetzung längerfristig geplant werden und beschränkt die Verfügbarkeit nicht so stark, insbesondere, wenn sie in Zeiten der Nebennutzung oder
organisatorisch bedingten Nichtnutzung gelegt werden kann.

Dazu sind aber einige Voraussetzungen nötig, die den Herstellungs- und vor allem den Entwicklungsaufwand weiter erhöhen: Das System muß den Einzelaus-
fall erkennen und dem Instandhalter melden, weil der Fehler am Systemverhal-
ten nach außen nicht erkennbar ist. Dies trifft sich aber mit neueren Anforderungen an komplexe Systeme der Fertigungstechnik, da die Fehlersuche durch
die auch ohne Redundanz bereits erreichte Komplexität moderner Fertigungsmittel zu einem wirtschaftlich bedeutsamen Faktor für Instandhaltung und Verfügbarkeit geworden ist. Da auch die Bedienung komplizierter Anlagen immer
weniger leicht durchschaubar ist und aufgrund wachsender Automatisierung die
Anzahl der Bedienereingriffe immer stärker auf Not- oder Sonderfälle beschränkt
ist, der Lern- und Gewöhnungseffekt also wegfällt, müssen die Bedieneraktionen durch "Bedienerführung" geleitet werden.

Die technischen Voraussetzungen für das Funktionieren einer guten Bedienerführung und einer automatischen Fehlerdiagnose sind sehr ähnlich, da beide die
Abfrage und Interpretation von außen einwirkender und innerer Signalzustände
voraussetzen. Moderne Transferstraßen sind mit Fehlerdiagnose-Systemen ausgerüstet, wobei Messungen der Instandsetzungszeiten beispielsweise eine um ca.
35% längere mittlere Reparaturdauer bei Ausfall der automatischen Diagnose
ergaben (Abb. 4.1).

Die meisten Signale von ablauf- oder verknüpfungsgesteuerten Transferstraßen
verhalten sich binär. Die angewandten Überwachungstechniken sind:
- Überwachung von logisch unzulässigen Zustandskombinationen,
- Zeitüberwachung von Funktionsabläufen /H5/.
Bei derartigen Systemen sind die Anforderungen an die Leistungsfähigkeit der
Fehlerdiagnosesysteme weniger komplex, als bei numerisch gesteuerten Maschi-
nen mit Steuer- und Regelbausteinen zur Verarbeitung numerischer oder ana-
loger Größen mit hohem Wertebereich.

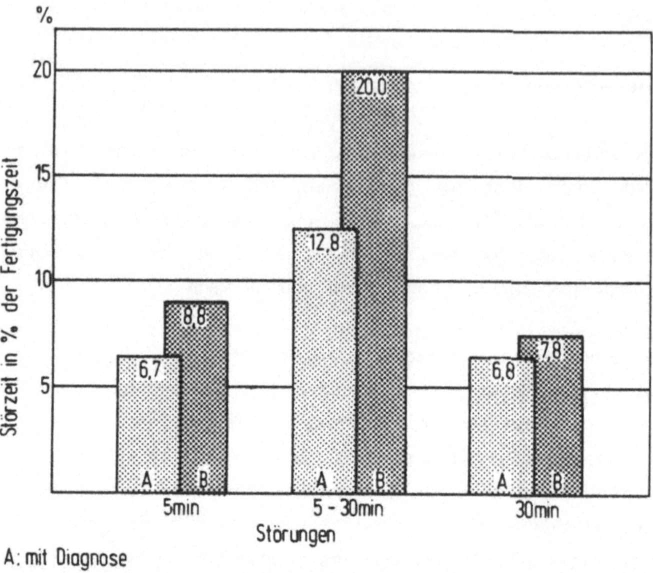

Abb. 4.1 Instandsetzungsdauern mit bzw. ohne Unterstützung durch ein Fehlerdiagnosesystem an einer Schweißstraße für Blechteile (nach /M3/)

Bei numerisch gesteuerten Produktionssystemen müssen andere Techniken hinzukommen, um möglichst viele Fehler erkennen und lokalisieren zu können. Insbesondere muß bei sich stetig ändernden Zuverlässigkeiten eine leistungsfähige Behandlung analoger Kenngrößen durchgeführt werden. Dies trifft nicht nur auf an sich schon analog arbeitende Baugruppen zu, auch digital arbeitende Komponenten können sich stetig verändern (Driftausfälle). Andererseits ergeben sich durch Auswertung nach diesen Prinzipien auch Möglichkeiten der Frühdiagnose und der vorbeugenden Wartung, ohne daß hiermit eine weitere Erhöhung des Bauteile-Umfanges verbunden sein muß (s. 4.6.2.1).

4.3 Grenzen der Verfügbarkeitssteigerung durch herkömmliche Methoden

Allein der Zuwachs an immer neuen Funktionen, die moderne flexible Fertigungsmittel übernehmen sollen, läßt die Anzahl der mechanischen, hydraulischen und elektrischen Baugruppen immer weiter anwachsen. Dazu kommt noch der durch Fehlerüberwachung und -diagnose bedingte Bauteileaufwand. Dies führt dazu,

daß die Maschinen zwar sehr vielseitig und leistungsfähig sind und trotz aller
Komplexität instandhaltbar bleiben, aber infolge der hohen Zahl von Bauteilen
und Baugruppen die Ausfallrate doch zunimmt (Abb. 3.15). Dabei ist vorausgesetzt, daß die Zuverlässigkeit der Einzelbauteile durch bekannte Methoden
der Zuverlässigkeitssicherung (genaue Spezifizierung, Bauteileauswahl, Voralte-
rung, Test unter erschwerten Bedingungen usw.) bereits auf hohe Werte getrieben
ist. Der Testaufwand ist nur durch Methoden der Wahrscheinlichkeitsrechnung
auf wirtschaftlichen Umfang begrenzbar, die Aussagefähigkeit der Testergeb-
nisse entsprechend eingeschränkt /E4/.

4.4 Unterschied von reparierbaren und nicht reparierbaren Systemen

Bei nicht reparierbaren Systemen ist das Ziel eine hohe Zuverlässigkeit während
einer begrenzten Systemlebensdauer. Durch Anwendung von Redundanzen ist
dies erreichbar. Die erhöhte Zahl von Bauteildefekten ist von untergeordneter
Bedeutung, solange die Systemfunktion nicht beeinträchtigt ist.

Viele nicht reparierbare Systeme haben eine kurze Betriebsdauer, z.B. Waffen-
systeme. Besonders, wenn die Systeme bis zum Einsatzzeitpunkt getestet werden können, um Ausfälle während der Wartezeit zu erkennen, werden infolge
sehr kurzer Beobachtungsdauern (= Einsatzdauern) hohe Zuverlässigkeiten erreicht.

Wartungsfreiheit ist bei technischen Systemen mit hoher Komplexität und Einsatzdauer, wie sie für numerisch gesteuerte Produktionsmaschinen zutreffen,
nicht verwirklichbar; sie sind deshalb reparierbar. Damit ist für die Wirtschaftlichkeit einer Maschine nicht mehr die Zuverlässigkeit ausschlaggebend, sondern
die Verfügbarkeit. Es gewinnen also Ausfall- und Instandsetzungsdauern an Bedeutung.

Die höhere Zuverlässigkeit redundant aufgebauter Systeme für eine bestimmte
Einsatzzeitspanne ist jedoch von den Anfangszuständen aller Bauteile abhängig.
Man kann also nicht mehr aus dem funktionsfähigen Zustand eines Systems zu
Beginn des Betrachtungszeitraums t_o schließen, daß die Überlebenswahrscheinlichkeit für den Betrachtungszeitraum, z.B. zwei Arbeitsschichten, genausogroß
ist wie im Neuzustand der Maschine. Dieser Schluß ist nur zulässig, wenn auch
der Zustand aller zuverlässigkeitsrelevanten Baugruppen dem Neuzustand entspricht. Wenn nämlich der Redundanzgrad einer Baugruppe geändert ist, stimmt

auch die Kurve für die Überlebenswahrscheinlichkeit des redundanten (Teil-) Systems nicht mehr mit der ursprünglichen überein (Abb. 4.2, Abb. 4.11).

4.5 Redundante Systeme

4.5.1 Strategien zur Zuverlässigkeitssteigerung

Es gibt verschiedene Strategien zur Herstellung hoch zuverlässiger und verfügbarer technischer Geräte:

1. Die Intoleranzstrategie (Fehlervermeidungsstrategie) verlangt eine fehler- und ausfallfreie Funktion durch Anwendung von ausfallsicheren ("fail-safe"-) Bausteinen. Diese Strategie kann begrenzt sein auf bestimmte Klassen von Fehlern - beispielsweise solchen, die Menschenleben gefährden - oder auch begrenzte Zeiträume oder Belastungen. Diese Vorgehensweise kann nur auf einfache Bauteile angewandt werden, deren Ausfallverhalten und Belastungsspektrum ausreichend gut bekannt ist. Beispiele sind u.a. Kranhaken, Drahtseile für Seilbahnen oder hochbelastete Bauteile im Flugzeugbau.

2. Die Fehlertoleranzstrategie verlangt, daß sich Bauteilfehler und -Ausfälle nicht auf die Gesamtfunktion der Anlage auswirken. Bei komplexerem Aufbau und nicht bekannten Ausfallmechanismen (zufällige Fehler) sind die Voraussetzungen für die Intoleranzstrategie nicht gegeben. Der Weg zur Vermeidung der Auswirkung von Bauteilausfällen auf die Systemfunktion führt über Entkopplung und Zwischenpufferung sowie über Einbau von Redundanz. Redundanzen können in verschiedenen Arten eingebracht werden, wobei zu beachten ist, daß konstruktive Redundanz nicht unbedingt gleichbedeutend sein muß mit zuverlässigkeitsmässig wirksamer Redundanz: So kann ein Mehrfach-Riementrieb eine geringere Zuverlässigkeit haben, wenn der Bruch der Riemen beispielsweise durch Riemenschwingungen bedingt ist und 1 gebrochener Riemen den Bruch der anderen Riemen verursacht. Für diese Ausfallarten entspricht die redundante Anordnung (konstruktive Parallelschaltung) der Riemen einer logischen Reihenschaltung mit geringerer Zuverlässigkeit als der eines einzelnen Riemens (siehe Gleichung (A.1)). Man unterscheidet:

- statische Redundanz: Die Anordnung und Anzahl parallel geschalteter Funktionsbausteine ist konstruktiv festgelegt und der Redundanzgrad kann sich infolge von Bausteinausfällen nur verringern.

- <u>Dynamische</u> Redundanz: Der Redundanzgrad kann durch Zu- und Wegschalten von Funktionsbausteinen nach Bedarf erhöht und erniedrigt werden.
- <u>Heiße</u> (aktive) Redundanz: Alle intakten, parallel geschalteten Bausteine sind an der Funktion aktiv beteiligt. Es muß nicht umgeschaltet werden.
- <u>Kalte</u> (passive) Redundanz: Ein aktiver Baustein erfüllt die Funktion, die redundanten sind abgeschaltet und werden erst bei Bedarf (Ausfall des aktiven Bausteines) aktiviert, d.h. es ist ein Umschaltvorgang nötig.
- <u>Warme</u> (standby-)Redundanz: die nicht aktiven Bausteine sind nicht ganz abgeschaltet, sondern befinden sich in einem Wartezustand ("Stand-by", "Idle-state"), der das "Einfädeln", also die Funktionsübernahme beschleunigt oder überhaupt ermöglicht. Redundante Rechenbausteine müssen beispielsweise auf die während der Funktion entstandenen Daten aufsetzen und weiterrechnen können. Auch hier ist nach Ausfall des aktiven Bausteins das "Erwecken" eines redundanten aus dem "Stand-by"-Zustand nötig.
- <u>Hybride</u> Redundanz: Die redundanten Bausteine erfüllen die geforderte Funktion auf unterschiedliche Weise (z.B. unterschiedliches physikalisches Prinzip).
- <u>Diversitäre</u> Redundanz: Der unterschiedliche Aufbau bzw. die unterschiedliche Wirkungsweise ist beabsichtigt, um Mehrfachfehler durch einen gemeinsamen Fehlermechanismus (Common-Mode-Fehler) zu vermeiden. Diversitär redundante Bausteine können heiß, kalt oder warm geschaltet sein. Theoretisch können durch "vollkommen diversitäre" Konstruktionen alle Common-Mode-Fehler umgangen werden. Dieses Prinzip wird angestrebt z.B. bei komplexen Rechenprogrammen, wo der Nachweis der Fehlerfreiheit (= Verifikation) nicht mehr praktisch möglich ist /D1/.

An Bauteilen bzw. Baugruppen mit einerseits exponentiell, also zufällig verteiltem (z = const, s. Anhang), und andererseits normal verteiltem, also verschleißbehaftetem Ausfallverhalten werden im folgenden für den Einsatz in Produktionssystemen wichtige Eigenschaften dargestellt.

4.5.2 Heiße Redundanz - Konstante Ausfallrate

Für redundanten Aufbau gilt nach Gleichung (A.5):

$$R_p = 1 - PR_i (1 - \exp(-z_i t)). \tag{4.1}$$

Für die Ermittlung, unter welchen Voraussetzungen der Einsatz von ein- oder

mehrfach redundanten Strukturen in Fertigungs-Maschinen Vorteile mit sich
bringt, reicht es aus, verhaltensgleiche Bauteile anzunehmen:

$$z_i = z_o \tag{4.2}$$

Damit wird (4.1) für zufälliges Ausfallverhalten der Komponenten zu

$$R_p(t) = 1 - (1 - \exp(-z_o t))^n \tag{4.3}$$

Man kann diese Kurve für verschiedene $n = 2,3...$ über der Zeit t auftragen und erhält eine Kurvenschar, die von der Exponentialverteilung ($n = 1$) besonders zu Beginn stark abweicht (Abb. 4.2).

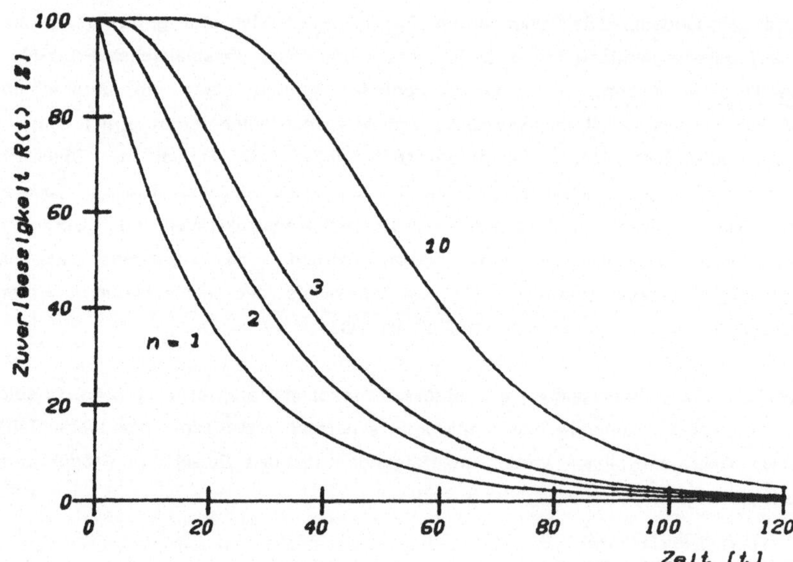

<u>Abb. 4.2</u> Zuverlässigkeitsfunktion R(t) von Funktionseinheiten und Parallelschaltungen derselben Einheiten mit der Ausfallrate $z_0 = 5 \cdot 10^{-2}$/h;
n = Anzahl der redundanten Bauteile, (n-1) = Redundanzgrad des Teilsystems (s. auch /87/)

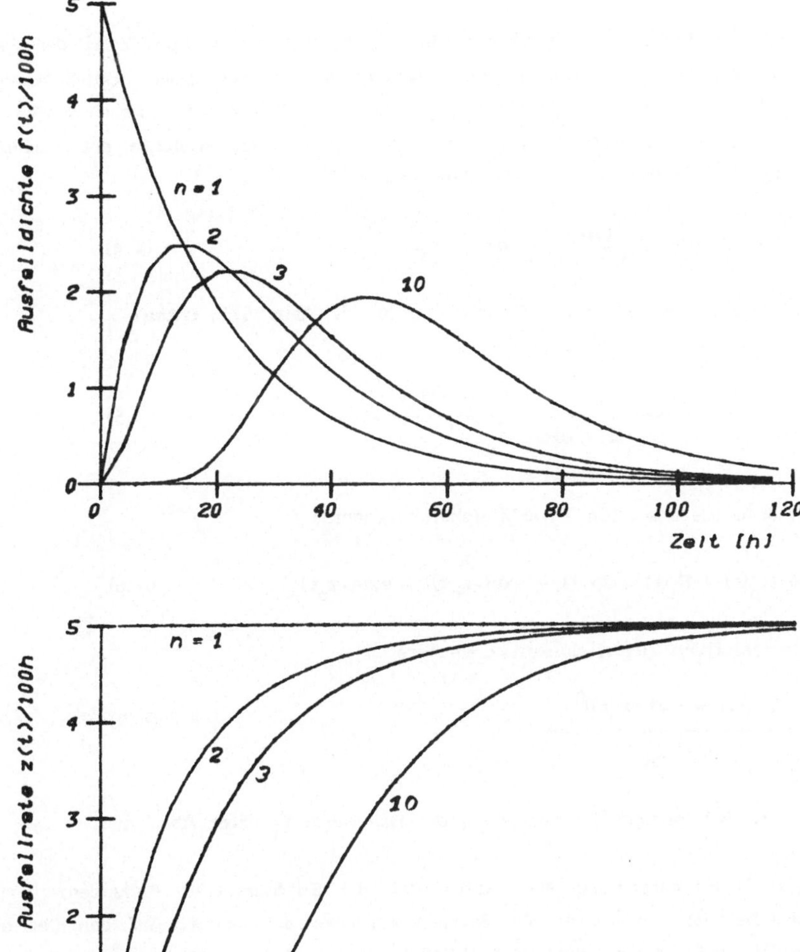

Abb. 4.3 Vergleich der Ausfalldichte f(t) (oben) und Ausfallrate z(t) (unten) der einfachen Funktionseinheit (n=1) und verschieden redundanter Parallelschaltungen gleicher Einheiten mit $z_o = z_i = 5 *10^{-2}/h$

Dabei ist augenscheinlich, daß sich die Zuverlässigkeitsfunktion $R_p(t)$ der Parallelschaltung auch für hohe Redundanzgrade $(n > 3)$ bei großen Betrachtungsdauern Dt derjenigen der nicht redundanten Einzelbaugruppen stark annähert. Dies wird auch verdeutlicht durch die Verläufe der Ausfalldichte entsprechend Gleichung (A.13) (Abb. 4.3, oberes Diagramm).

$$f_p(t) = n \, (1 - \exp \, (-z_o t))^{n-1} \; z_o \, \exp \, (-z_o t) \qquad (4.4)$$

und der Ausfallrate entsprechend Gleichung (A.15) (Abb. 4.3, unten)

$$z_p(t) = \frac{n \, (1 - \exp \, (-z_o t))^{n-1} \; z_o \, \exp \, (-z_o t)}{1 - (1 - \exp \, (-z_o t))^{n}}. \qquad (4.5)$$

Die Verläufe des absoluten Zuverlässigkeitszuwachses

$$DR(t) = R_p(t) - R_i(t) = 1 - (1 - \exp(-z_o t))^{n} - \exp(-z_o t) \qquad (4.6)$$

bzw. des relativen Zuverlässigkeitszuwachses

$$\frac{R_p(t)}{R_i(t)} = \frac{1 - (1 - \exp(-z_o t))^{n}}{\exp(-z_o t)} \qquad (4.7)$$

durch $(n-1)$-fach redundante Anordnung der Baugruppe B_i zeigt Abb. 4.4.

Aus diesen Ergebnissen ist abzuleiten, daß die Erhöhung der Redundanz umso wirkungsvoller ist, je kürzer die Betrachtungsdauer sein kann. Auf den Betrieb von Fertigungsmaschinen angewandt bedeutet dies, daß der Einbau von Redundanz die Zuverlässigkeit der Maschinen stark erhöhen kann, wenn die Wartungs- bzw. Inspektionsintervalle nicht zu groß gewählt werden. Bei gleichen Zuverlässigkeitsansprüchen wird jedoch das Inspektionsintervall besonders bei niedrigem Redundanzgrad mit der Redundanzerhöhung stark mitwachsen (Abb. 4.2). Hohe Redundanzgrade bringen dagegen keinen dem Aufwand entsprechenden Zuverlässigkeitszuwachs.

Bisher lassen sich drei wesentliche Erkenntnisse für die Steigerung der Zuverlässigkeit der Maschinenkomponenten mit konstanter Ausfallrate ableiten:

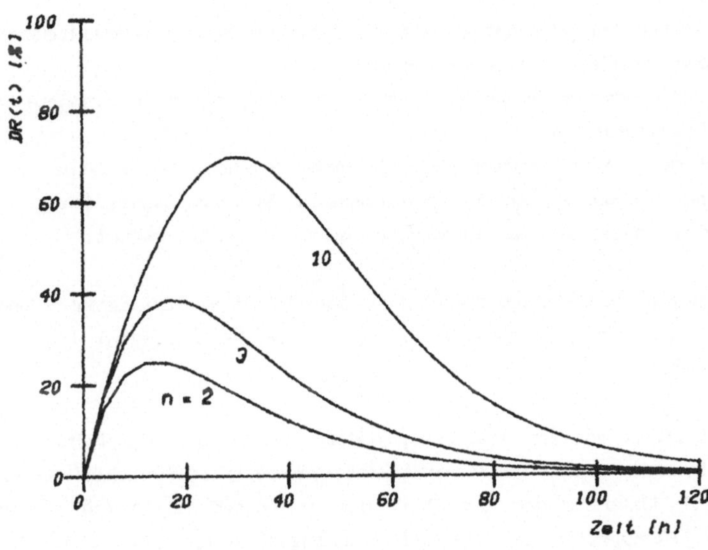

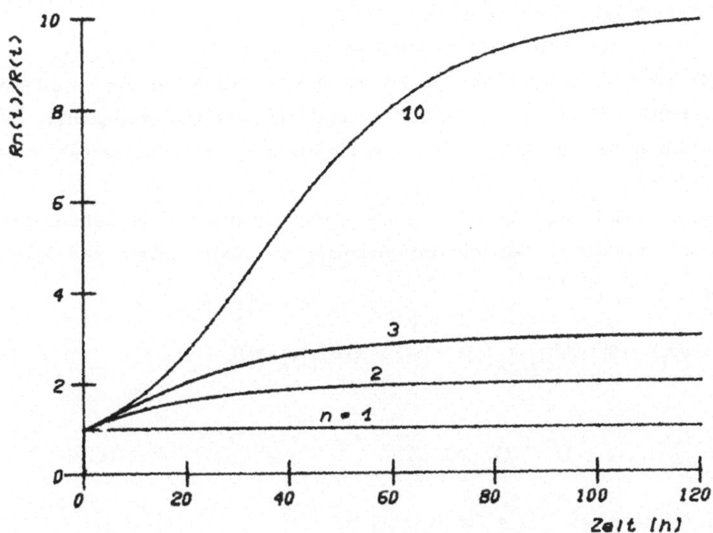

Abb. 4.4 Nicht redundante und (n-1)-redundante Funktionsbausteine $z_i = 5*10^{-2}/h$:
oben: absoluter Zuverlässigkeitszuwachs $DR(t)$,
unten: relativer Zuverlässigkeitszuwachs $R_p(t)/R_i(t)$

a) Durch Einbau von Redundanz wird bei kürzeren Betrachtungszeiträumen eine erhebliche Zuverlässigkeitssteigerung erzielt.

b) Höhere Redundanzgrade bringen nur mehr verhältnismäßig geringere Zuverlässigkeitssteigerungen.

c) Zur Erhöhung der Zuverlässigkeit für lange Betrachtungszeiträume sind Redundanzen ungeeignet, da die Zuverlässigkeit der redundanten Schaltung $R_p(t)$ sich für große Zeiten t den Einzelzuverlässigkeiten $R_i(t)$ annähert.

Für den Betrieb von Fertigungsmaschinen bedeutet dies, daß durch redundanten Aufbau die Wartung und Inspektion keinesfalls wegfällt, sondern deren Bedeutung sogar wächst.

Die Wirtschaftlichkeit der Maschinen hängt stark vom Instandhaltungsaufwand ab, der einerseits selbst Kosten verursacht, andererseits Wertschöpfung an Produkten durch Unterbrechung der Produktion verhindert. Da durch redundanten Aufbau die Komplexität und die Komponentenzahl steigt, nimmt der Instandhaltungsaufwand zu. Es kommt also darauf an,

a) die Instandhaltung zu vereinfachen,

b) die Instandhaltungshäufigkeit zu minimieren,

c) die Unterbrechungszeiten der Produktion durch Instandhaltung möglichst gering zu halten. Dies ist erreichbar, wenn Instandsetzungstätigkeiten während der Produktion durchgeführt werden können ("In Service Maintenance") /B7/.

Die mittleren Ausfallabstände MTBF redundanter Schaltungen verhalten sich entsprechend der folgenden Bestimmungsgleichung in Abhängigkeit der Einzelausfallraten z_i = const /D4/:

$$E(T) = \sum_{i=1}^{n} (1/z_i) - \sum_{i,k=1}^{n} (1/(z_i+z_k)) + \sum_{i,k,l=1}^{n} (1/(z_i+z_k+z_l))$$

$$- + \ldots + (-1)^{n-1} \left(1/ \sum_{i=1}^{n} z_i\right) \tag{4.8}$$

Für gleiche Ausfallraten $z_i = z_o$ wird (4.8) zu

$$E(T) = \frac{1}{z_o} + \frac{1}{2z_o} + \ldots + \frac{1}{nz_o} \tag{4.9}$$

Es ist sofort ersichtlich, daß die durch höhere Redundanzgrade erreichte Verlängerung der mittleren Überlebensdauer abnimmt (Abb. 4.5; zum Vergleich sind auch die mittleren Lebensdauern für Bauteile mit kleineren Ausfallraten $z_i =$ $2,5*10^{-2}$/h und $z_i = 1.25*10^{-2}$/h eingezeichnet).

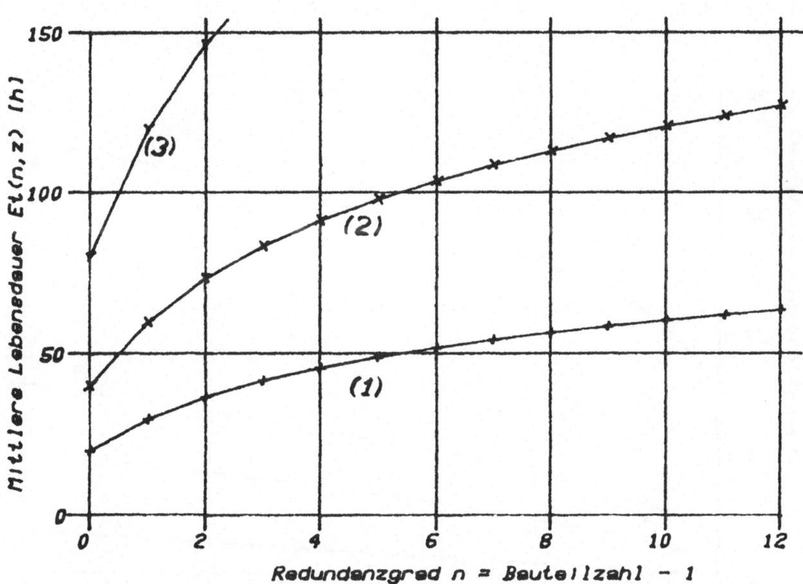

<u>Abb. 4.5</u> Mittlere Lebensdauer E(T) = MTBF über dem Redundanzgrad (n-1) mit $z_i = 5*10^{-2}$/h (1), $z_i = 2.5*10^{-2}$/h (2) und $z_i = 1.25*10^{-2}$/h (3)

Da bei der mittleren Lebensdauer jedoch bereits eine untragbar niedrige Zuverlässigkeit von ca. o,4 (abhängig vom Redundanzgrad) erreicht ist, ist dieser Wert nicht aussagefähig. Für Produktionssysteme sind die Wartungszeitpunkte sinnvollerweise so zu legen, daß die Ausfallwahrscheinlichkeit noch unter bestimmten, kleinen Werten liegt. Um diesen Zusammenhang zu verdeutlichen, wird die Bestimmungsgleichung für die Ausfallwahrscheinlichkeit der Parallelschaltung von n Baugruppen konstanter Ausfallrate z_o

$$Q(t) = (1- \exp(-z_o t))^n \qquad (4.10)$$

umgeformt zu

$$t = (- \ln (1 - Q^{1/n})) / z_o \tag{4.11}$$

Diese Gleichung gibt t als $t(n,Q,z_o)$ an und ist somit die zu $Q(t)$ inverse Funktion (Abb. 4.6).

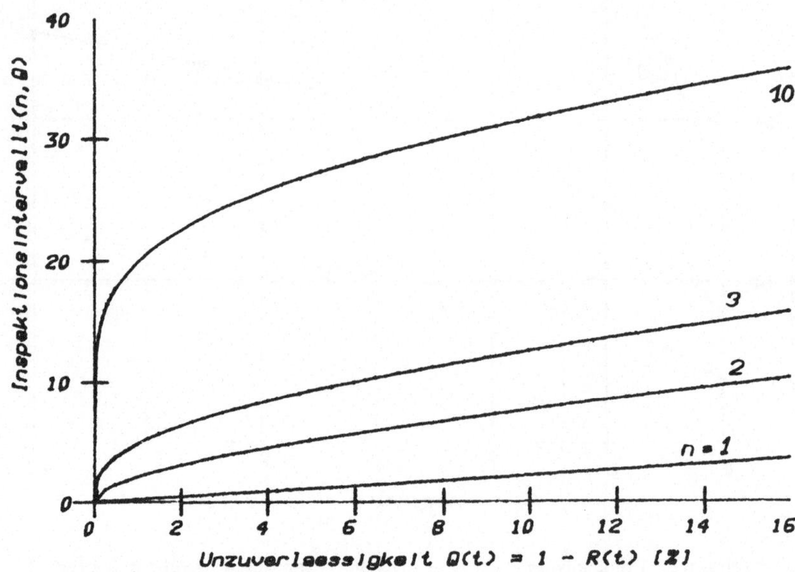

Abb. 4.6 Inverse der Ausfallwahrscheinlichkeitsverteilung zur Bestimmung der Inspektionsintervalle für $z_i = 5*10^{-2}/h$

Damit können die Inspektionsintervalle ermittelt werden, die zur Einhaltung einer Zuverlässigkeit $R(t) \geq R_o$ erforderlich sind. Die zulässige Verlängerung der Intervalle durch Redundanz ist um so größer, je kleiner die geforderte Ausfallwahrscheinlichkeit Q_o ist. Die Betrachtung des Verhältnisses der maximalen Wartungsabstände zeigt bei sehr hohen Zuverlässigkeiten einen stark überproportionalen Einfluß $t_{rel}(n)$ durch den Redundanzgrad:

$$t_{rel}(n) = Dt_p / Dt = \frac{\ln (1 - Q^{1/n})}{\ln (1 - Q)} , \tag{4.12}$$

der auch zu großen n (= hoher Redundanzgrad) nur wenig absinkt. Dagegen bringt die Senkung der Ausfallrate hier nur einen linearen Einfluß (Abb. 4.7). (Gleichung (4.12) gilt für Komponenten mit beliebiger Ausfallrate $z_i(t)$).

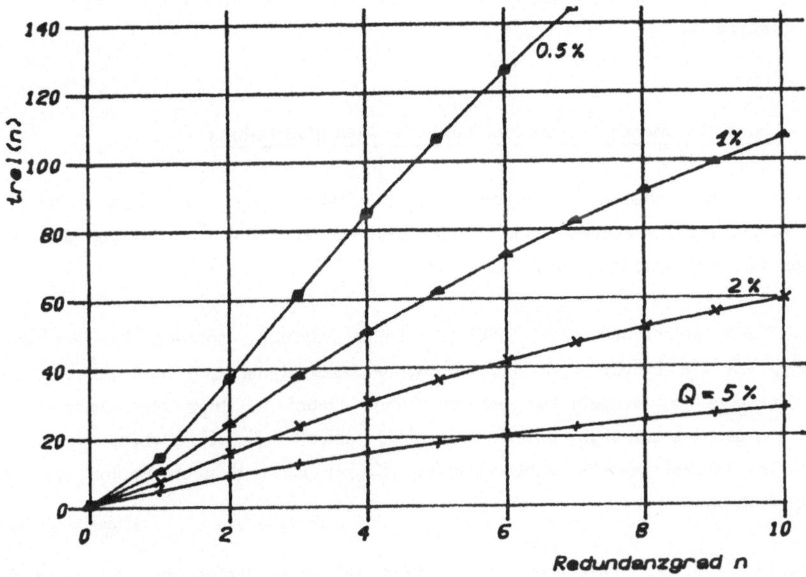

Abb. 4.7 Verlängerung des zuverlässigen Wartungsintervalles bei (n-1)-facher Redundanz für geringe Ausfallwahrscheinlichkeiten von Q= 0.5%, 1%, 2%, 5% um den Faktor $t_{rel}(n)$

Mit diesen Ergebnissen sind folgende weitere Erkenntnisse formulierbar:

a) Die Erhöhung des Redundanzgrades bringt eine überproportionale Steigerung der zulässigen Intervalle zwischen Instandhaltungsmaßnahmen bei den hohen Zuverlässigkeiten, die von modernen Fertigungsmaschinen gefordert werden.

b) Der Instandhaltungsaufwand durch Redundanzerhöhung steigt vor allem bei hohen Redundanzgraden überproportional, insbesondere wenn nach jedem Bauteilausfall instandgesetzt werden soll.

Unter den getroffenen Voraussetzungen:

a) Annähernd konstante Ausfallrate z_i der Komponenten,

b) Heiße Redundanz (Parallelschaltung),

c) hohe technische Zuverlässigkeit von über ca. 0,9 der Maschinen (ohne Berücksichtigung des Bearbeitungsvorganges),

d) relativ zu MTBF kurzen Wartungsintervallen,

führt die Erhöhung der Redundanz also zu einem deutlichen Zuverlässigkeitsgewinn, oder bei gegebener Zuverlässigkeit zu einer deutlichen Verlängerung der Wartungsabstände.

4.5.3 Kalte Redundanz - verschleißbedingte Ausfallverteilung

Verschleiß- oder alterungsabhängiges Ausfallverhalten liegt vor, wenn beispielsweise Abnutzung, Materialermüdung oder -umwandlung die Ursache für den Abbau des "Nutzungsvorrates" ist.

Die Ausfälle erscheinen nicht völlig zufällig verteilt, sondern "systematisch" insofern, als die bestimmende Ausfallursache bekannt ist und von der betrachteten Komponente ferngehalten werden kann. Dabei ist hier die Kenntnis der exakten Ausfallverteilungsfunktion belanglos, soweit die Überlebenswahrscheinlichkeit zu Beginn der Betrachtungsdauer $R(t_0)=1$ ist und nach Beginn der Belastung abnimmt.

Der Beginn des Betrachtungszeitraumes fällt mit dem Beginn der Belastung der ersten Funktionseinheit der redundanten Schaltung zusammen. Spätestens nach Ausfall der ersten Einheit muß die nächste Einheit aktiviert werden, nach deren Ausfall die übernächste, usw..

Bei einer normalverteilten Zuverlässigkeitsfunktion $R(t)$ gilt für die erste Komponente mit (A.23)

$$R_1(t) = 1 - \frac{1}{s\ SQR(2Pi)} \int_0^t (\exp(- (t^* - t_1)^2 / 2s^2))dt^*. \qquad (4.13)$$

Wenn $s \to 0$ geht, wird die Gesamtlebensdauer des "Stand-by"-redundanten Systems zur Summe der Einzellebensdauern, wobei diese den Erwartungswerten t_i entsprechen.

$$t_{ges} = SU_n (t_i) \qquad (4.14)$$

Dies ist daraus ersichtlich, daß die Funktion $R(t)$ für sehr kleine Standardabweichungen s zur negativen Sprungfunktion wird. Die Ausfalldichtefunktion $f(t)$ (s. A.13) wird für sehr kleine Streuungen s zum Dirac-Stoß mit sehr kleiner Breite, aber sehr großem $f(t_0)$, da das Integral von $f(t)$ (= die Ausfallverteilungsfunktion $Q(t > t_0)$) den Wert 1 besitzt (Abb. 4.8).

In diesem Fall ist offensichtlich die Zuverlässigkeit der Komponente bis zum Ausfall $R(t \leq t_0) = 1$ und später $R(t > t_0) = 0$. Bei vernachlässigbaren Aktivierungszeiten trifft somit (4.14) zu.

Selbst wenn der Komponentenausfall nicht abgewartet werden darf, z.B. wegen Folgeschäden, kann man die gealterten Komponenten rechtzeitig deaktivieren und durch unverbrauchte ersetzen. Solange die Streuung $D(t) = s^2$ nicht zu groß wird, ist damit noch kein großer Nutzungsverlust der Komponenten bzw. Verlust an Gesamtlebensdauer verbunden, weil der Ausfallzeitpunkt genau bekannt ist und damit der Umschaltzeitpunkt beliebig nahe vor den Ausfallzeitpunkt gelegt werden kann.

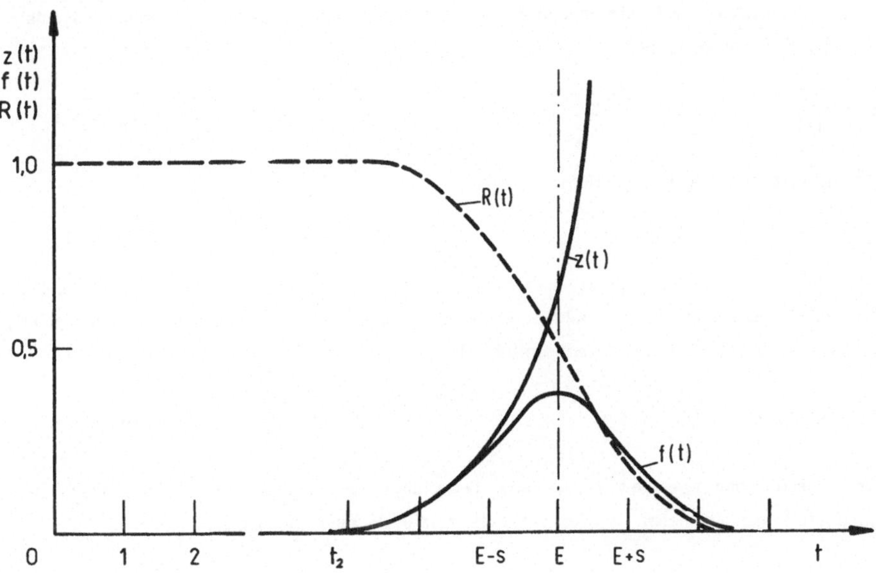

Abb 4.8   Zuverlässigkeit $R(t)$, Ausfalldichte $f(t)$ und Ausfallrate $z(t)$ der Gaussschen Normalverteilung (Quelle /B7/)

Die Bedingung "sehr geringe Streuung" (s gegen 0) ist aber in Wirklichkeit meist nicht genügend erfüllt. Man muß also mit endlichen Streuungen s rechnen. Für diese Betrachtung der Einflüsse ist die Normalverteilung vorteilhaft, die qualitativen Ergebnisse sind aber für alle Ausfallverteilungsarten mit entlang der Zeitachse sinkender Überlebenswahrscheinlichkeit zutreffend.

Bei der Normalverteilung der Komponentenausfallwahrscheinlichkeit mit der Streuung $(Dt) = s^2$ und der mittleren Lebensdauer $E(t) = t_0$ läßt sich nämlich der qualitative Einfluß aneinandergereihter Ausfallwahrscheinlichkeitsverläufe gut aufzeigen, die für passiv redundante Systeme charakteristisch sind.

Die Ausfallwahrscheinlichkeit für ein n-fach passiv redundantes System beträgt nach /K8/

$$Q_{sp}(t) = Q_1(t) \, Q_2(t-t_1) \, Q_3(t-t_2) \ldots Q_{n+1}(t-t_n). \qquad (4.15)$$

Das Umschalten auf die nächste Funktionskomponente erfolgt immer erst nach Ausfall der vorigen, d.h.

$$t_i < t_{i+1}. \qquad (4.16)$$

Damit gilt für die Argumente $t-t_i = T_i$

$$T_i > T_{i-1}. \qquad (4.17)$$

Da die Ausfallverteilungsfunktionen nach Vorbedingung monoton steigend sind, gilt auch für die Einzelwahrscheinlichkeit:

$$Q_i(T_i) \leq Q_i(t) \qquad \text{für } i > 1. \qquad (4.18)$$

Der Vorteil der passiven Redundanz gegenüber der aktiven wird klar, wenn man die Gleichung für deren Ausfallwahrscheinlichkeit dagegen stellt:

$$Q_{Sa}(t) = Q_1(t) \, Q_2(t) \, Q_3(t) \ldots Q_{n+1}(t) \qquad (4.19)$$

Sie hat die gleiche Anzahl von Gliedern wie (4.15), wobei nach gliedweisem Vergleich mit (4.18) feststeht, daß

$$Q_{Sp}(t) < Q_{Sa}(t), \qquad (4.20)$$

also das passiv redundante System eine kleinere Ausfallwahrscheinlichkeit hat, als das aktiv redundante. Der Mittelwert der Systemlebensdauer ist dabei

$$E(T)_{Sp} = \underset{n}{SU} \; (E_i(T)) \qquad (4.21)$$

gleich der Summe der mittleren Lebensdauern der Komponenten und somit ist eine erhebliche Steigerung der Lebensdauer erreicht. Wenn die mittlere Lebensdauer bei Einzelkomponenten $E_i(T)$ = MTBF = T und die Streuungen $D_i(T)$ = s^2 jeweils gleich groß sind, läßt sich die Verteilungsfunktion N(t) der Anzahl der "Erneuerungen" berechnen /G1/. Für große Zeiten gilt:

$$W \; (\frac{N(t) - t/T}{(s/T) \; SQR(t/T)} \leq u_0) = (1/SQR(2Pi)) \; \overset{u_0}{\underset{\infty}{INT}}(exp(-u^2/2))du \qquad (4.22)$$

Dieser Ausdruck besagt, daß sich die Wahrscheinlichkeitsfunktion für den Klammerausdruck fast genauso verhält, wie die rechte Seite. In der Klammer steht die Abweichung der tatsächlichen Zahl von "Erneuerungen" (= Aktivierung der N-ten Reservekomponente), von der durch die Aufteilung des Betrachtungszeitraumes in lauter gleiche Zeitabschnitte gegebenen, deren Länge gleich der mittleren Lebensdauer der Komponenten ist. Die rechte Seite stellt die Verteilungsfunktion der (0,1)-Normalverteilung dar. Diese Funktion ist in der Literatur, zB. /K8/, nachschlagbar. Da diese Funktion symmetrisch zum Erwartungswert u_0 = 0 verläuft, läßt sich ermitteln, daß die Überlebenswahrscheinlichkeit eines Systems nur 0,5 beträgt, wenn man die Anzahl der Erneuerungen als die Summe der mittleren Einzellebensdauern bestimmt. In Gleichungen ausgedrückt heißt dies mit N = t/T (siehe Tabelle, z.B. /K8/):

$$R(NT) = \frac{1}{SQR(2Pi)} \; \overset{0}{\underset{\infty}{INT}}(exp(-u^2/2))du = 0,5 \qquad (4.23)$$

Die Überlebenswahrscheinlichkeit eines (N-1) fach passiv redundanten Systems ist also normal verteilt um den Erwartungswert N*T, also der Summe der mittleren Lebensdauern T. Die Streuung ist abhängig von den Streuungen s^2 der Einzelverläufe. Dies gilt für alle Ausfallverteilungen mit endlicher Streuung und für große t.

Damit ist kalte Redundanz bei systematischem Ausfallverhalten zur Lebensdauerverlängerung besonders geeignet, wenn die mittleren Lebensdauern von Komponenten mit geringerer Streuung bekannt ist. Wenn dagegen die Streuung groß und hohe Zuverlässigkeit gefordert ist, ist der Verlust an Nutzungsdauer ebenfalls groß. In diesem Fall muß man nämlich die aktiven Komponenten schon sehr weit vor der mittleren Lebensdauer austauschen.

Es wurde bisher der Einfluß der Zuverlässigkeit des Umschalters R_U nicht berücksichtigt. An ihn werden vergleichsweise sehr hohe Zuverlässigkeitsansprüche gestellt, damit die Gesamtzuverlässigkeit der redundanten Baugruppe

$$R_{ges}(t) = 1 - (1-R_U(t))*(1-R_{red})(t)) \qquad (4.24)$$

nicht zu stark absinkt (s. auch Abschnitt 4.6.2.3).

4.5.4 Aktive Redundanz - Verschleißbedingte Ausfallverteilung

Ein derartiger Aufbau ist dadurch gekennzeichnet, daß die Komponenten gleichzeitig in Einsatz sind, obwohl bereits eine die Funktion erfüllen könnte. Damit altern alle Komponenten gleichzeitig.

Bei systematischer Abhängigkeit der Ausfallwahrscheinlichkeit und Verhaltensgleichheit der Komponenten ist die mittlere Lebensdauer aller Komponenten gleich lang. Die Ausfallwahrscheinlichkeit ist gegeben durch die Gleichung (4.19). Für Betrachtungsdauern, die in der Größenordnung der mittleren Lebensdauern liegen, bringt diese Systemanordnung keine Vorteile. Die Wahrscheinlichkeit, daß die redundanten Komponenten bereits ausgefallen sind, wenn sie erstmals benötigt würden, beträgt $Q(MTBF)=0,5$.

Gezielt diesen Systemaufbau zu suchen ist also nicht sinnvoll. Er ist im Gegenteil häufig nicht vermeidbar; man denke an eine Maschine mit schwingender Beanspruchung redundanter, schwingungsempfindlicher Bauteile, z.B. Leitungsverbindungen.

4.5.5 Passive Redundanz - Zufällige Ausfallverteilung

Diese Konfiguration sei nur der Vollständigkeit halber erwähnt. Sie bringt gegenüber 4.5.2 keine Vorteile für lange Einsatzzeiten, da die passiven Komponenten im Mittel gleichzeitig mit der aktiven ausfallen. Für kurze Betrachtungsdauern hat sie nur den Nachteil des Umschalters ($Q(E) = 0,63$, s. (A.22)).

4.5.6 Überblick

Die wahrscheinlichkeitstheoretischen Betrachtungen in diesem Abschnitt zeigen, daß mit begrenztem Redundanzeinsatz eine erhebliche Zuverlässigkeitssteigerung erreichbar ist, wenn die Betrachtungszeiträume begrenzt sind. Insbesondere nach 4.5.2 und 4.5.3 aufgebaute logische Verknüpfungen sind bevorzugt geeignet.

Die Länge der "Betrachtungszeiträume" ist gegeben durch die Abstände der Inspektionsintervalle. Sie sind sicherlich nicht für alle Teilsysteme gleich lang, so daß unterschiedliche Betrachtungsintervalle berücksichtigt werden müssen. Die Festlegung richtet sich nach folgenden Gesichtspunkten:

a) Schwierige, teuere und langdauernde Inspektionen, Wartungen bzw. Instandsetzungsvorgänge müssen große Abstände haben, weil die Verfügbarkeitsminderung und der Instandhaltungsaufwand sonst zu hohe Kosten verursachen.

b) Die Abstände für leichte Instandhaltung dürfen kürzer sein, insbesondere dann, wenn die Instandhaltung während des Betriebes erfolgen kann.

c) Durch Werker durchzuführende Instandhaltungstätigkeiten können nur in bemannten Schichten durchgeführt werden.

Damit sind folgende Forderungen an hoch zuverlässige und verfügbare Werkzeugmaschinen mit hohem Automatisierungsgrad zu stellen:

a) Als Zielgrößen sind der bedienerlose Betrieb dieser Maschinen in teuren Schichten (z.B. nachts) und die möglichst hundertprozentige zeitliche Nutzung vorauszusetzen. Deshalb sind Wartungen sinnvoll nur in den Tagschichten der normalen Werktage durchführbar. Daraus folgen kürzeste Instandhaltungsintervalle von 24 Stunden, für Wochenend- und Feiertagsüberbrückung 72 Stunden.

b) Die Stillstandsdauern sind möglichst weit zu reduzieren. Voraussetzung dafür ist neben einer umfangreichen On-Line-Fehlerdiagnose mit Fehlerfrüherkennung eine Instandsetzung und Instandhaltung ohne Nutzungsunterbrechung.

c) Die durch höhere Redundanzgrade bedingte Komponentenausfallhäufigkeit bringt höhere Ersatzteilkosten und Instandhaltungslohnkosten. Diese sind zu minimieren durch baugleiche Moduln für verschiedene Funktionen (insbesondere Steuer- und Regelbausteine) und sonstige Wartungs- und Reparaturvereinfachungen (Fehlersuche, Wartungsstrategie, Modultausch).

4.6 Höhere Redundanzgrade

4.6.1 Erkennnbarkeit von Bauteilausfällen

Aus Kostengründen ist es wünschenswert, möglichst geringe Bauteilzahlen und damit möglichst niedrige Redundanzgrade einzusetzen. Im folgenden wird gezeigt, daß ein höherer Redundanzgrad als 2 jedoch nötig ist, um die Zuverlässigkeit von automatisierten Maschinen steigern zu können. Bisher wurde davon ausgegangen, daß nach Ausfall einer Komponente die nächste deren Aufgabe problemlos übernimmt. Wie in 4.5.1 erklärt, trifft dies jedoch nur auf aktiv redundant aufgebaute Systeme zu. Alle Systeme, bei denen die Ausgangsgrößen der Bausteine nicht dem Boolschen Zustandsraum angehören ("Ausgang vorhanden" bzw. "Ausgang nicht vorhanden"), sondern verschiedene Werte annehmen können (z.B. analoge Größen, mehrstellige digitale Größen), können nicht einfach in aktiv redundanter, sondern nur in kalt oder warm redundanter Bauweise erstellt werden, da sie mit Umschaltmechanismen ausgestattet sein müssen.

Mehrwertige Signale können analogen (Spannungen, Ströme, Frequenzen, Zeiten) oder digitalen (Binärzahlen, Taktabstände, Impulshäufigkeiten) Charakter besitzen. In einem mehrwertigen Zustandsraum ist die Erkennung von Ausfällen aufwendiger als im boolschen. Man denke an den Digitalausgang eines NC-Lageregelkreises, der eine Auflösung von mindestens 12 bit hat, also einen Wertebereich von 4096. Da jeder der Werte irgendwann richtig sein kann (nicht redundante Verarbeitung), kann ein Funktionsfehler nur durch Vergleich mit der momentan richtigen Grösse erkannt werden.

Statische Größen können mit gespeicherten Festwerten verglichen werden. Die Überwachung der Versorgungsspannung eines Netzteiles erfolgt z.B. mittels einer festen Referenzspannung, die einer maximalen Zerspankraft oder Drehzahl mittels eines festeingestellten analogen oder digitalen Komparators.

Wenn jedoch die Größe veränderlich ist, ist für den korrekten Vergleichswert ein Modell notwendig, das die richtige Ausgangsgröße anhand derselben Eingangsgrössen ermittelt, die auch auf die zu überwachende Funktionsgruppe einwirken. Das Modell muß also auch zeitliche Abläufe richtig nachempfinden.

Prinzipiell sind drei Lösungen denkbar und verschiedentlich auch eingesetzt:

a) Aufbau eines Modells:

Dies ist immer dann sinnvoll, wenn die Modellparameter genau genug ermittelt werden können und der Originalvorgang nicht anders abbildbar ist. Das Modell kann aus einem elektrischen Schaltnetzwerk (Analogrechner), einem mechanischen Aufbau, einem logischen Programm (Digitalrechner) usw. bestehen. Es simuliert relevante Teile des echten Vorgangs. Die Modellparameter können deterministisch festgelegt oder empirisch ermittelt sein durch Lerneffekte, Kalibriervorgänge oder Prozeßidentifikation (Signaturanalyse, selbstlernende Systeme).

b) Spiegelung des echten Vorganges:

Wenn die Modellkonstruktion zu schwierig (z B. durch zu viele relevante Parameter oder veränderliche Größen), und der Aufwand nicht zu groß ist, kann man den Vorgang selbst duplizieren (spiegeln). Bei geringem Hardwareaufwand ist dieser Weg geeignet (z.B. Endlagenschalter, doppelte Leitungsführung), insbesondere wenn die Funktionalität der Hardware groß ist. Dies trifft auf die meisten Logikschaltungen, ganz besonders auf Mikrorechnerhardware zu. Ein Beispiel ist die Parallelberechnung von Funktionen, z.B. der Werkzeugradiuskorrekturberechnung, in zwei Rechenbausteinen.

c) Diversität

In bestimmten Fällen ist es jedoch nicht sinnvoll, eine Funktionalität genau zu kopieren. Wenn nämlich nicht sicher ist, ob eine gewählte Art der Funktionserfüllung ganz richtig ist (Konstruktionsfehler in Software, Schaltung usw.), ist es besser, Redundanz auf verschiedenen Wegen zu realisieren (diversitärer Aufbau von Hard- und Software) /E3/. Damit vermeidet man, daß gleiche Fehlermechanismen in mehreren Bausteinen wirken können. Bei boolschen Funktionen läßt sich eine diverse Redundanz einfach dadurch herführen, daß nicht nur das positive Signal A(1) oder dessen Nichtvorhandensein A(0) hergestellt wird, sondern auch das inverse Signal $\bar{A}$ und dessen Zustände $\bar{A}(1)$ und $\bar{A}(0)$ (Beispiel: Endlagenschalter mit Wechselkontakten und 3- bzw. 4-Leiteranschluß).

Wenn die beiden Funktionsbausteine, bzw. Modell und reale Funktion, das gleiche oder ein innerhalb Toleranzgrenzen liegendes Ergebnis vorweisen, ist mit sehr hoher Wahrscheinlichkeit die Funktion richtig erfüllt und einer der beiden

Werte oder beide können weiter verwendet werden.

Wenn aber 1 Kanal ein anderes Ergebnis liefert, ist eine Entscheidung notwendig, welche das richtige ist. Bei heißer Redundanz wird diese Entscheidung nicht getroffen, sondern die beiden Ergebnisse werden gemischt und weiter verwendet. Nachdem dieser Mischwert sicher auch nicht richtig ist, führt er unter Umständen zu Fehlerfortpflanzung und letztlich zum Ausfall des Systems. (Beispiel: Direkte Zusammenschaltung von digitalen Ausgängen logischer Schaltungen). Aus diesem Grund ist die heiße Redundanz in der Digitaltechnik meist nicht anwendbar /D1/.

Durch einfache Redundanz erreicht man also nur eine Fehlererkennung, d.h. die Sicherheit einer Maschine gegen Folgefehler wird gesteigert in der Form, wie in 4.5.2 bis 4.5.5 aufgezeigt, wenn die Maschine nach Fehleranzeige in einen sicheren Zustand überführt wird. Dazu ist es notwendig, bereits bei Ausfall eines der zwei parallel arbeitenden Bausteine das System abzuschalten.

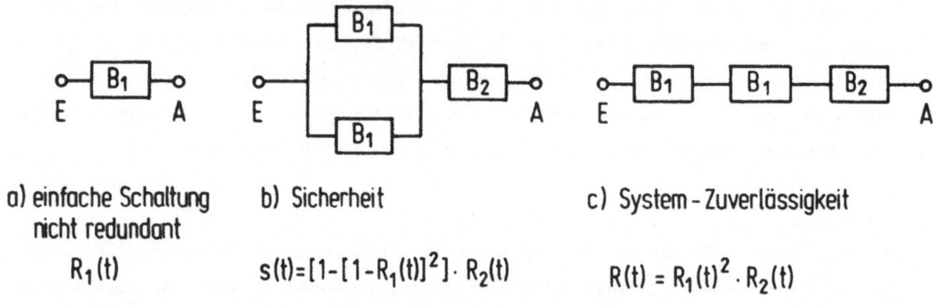

a) einfache Schaltung
   nicht redundant

$$R_1(t)$$

b) Sicherheit

$$s(t) = [1 - [1 - R_1(t)]^2] \cdot R_2(t)$$

c) System-Zuverlässigkeit

$$R(t) = R_1(t)^2 \cdot R_2(t)$$

Abb. 4.9   Ersatzschaltungen bestehend aus den Funktionsbausteinen B_1 und dem Baustein für Fehlererkennung und Umschaltung B_2 (s. Abb. 4.10);
a) nicht redundanter Funktionsbaustein B_1
b) Ersatzschaltung für die Sicherheit der Fehlererkennung
c) Ersatzschaltung für die Systemzuverlässigkeit

Ein einfach redundantes System verhält sich also bzgl. der Fehlererkennung wie eine Parallelschaltung, bzgl. der Systemausfallhäufigkeit jedoch wie eine Serienschaltung. Da noch die Entscheidungslogik in Reihe liegt, wirken die entsprechenden logischen Strukturen, wie in Abb. 4.9 und Abb. 4.10 dargestellt.

Wegen der gesteigerten Sicherheit der Fehlererkennung ist die einfach redundante Schaltung für Diagnose- und Fehlerfrüherkennungssysteme demnach geeignet. Zur _Verfügbarkeitssteigerung_ kann sie allenfalls deshalb beitragen, weil Folgeschäden unterbunden werden. Eine Steigerung der _Systemzuverlässigkeit_ ist mit ihr jedoch nicht erreichbar.

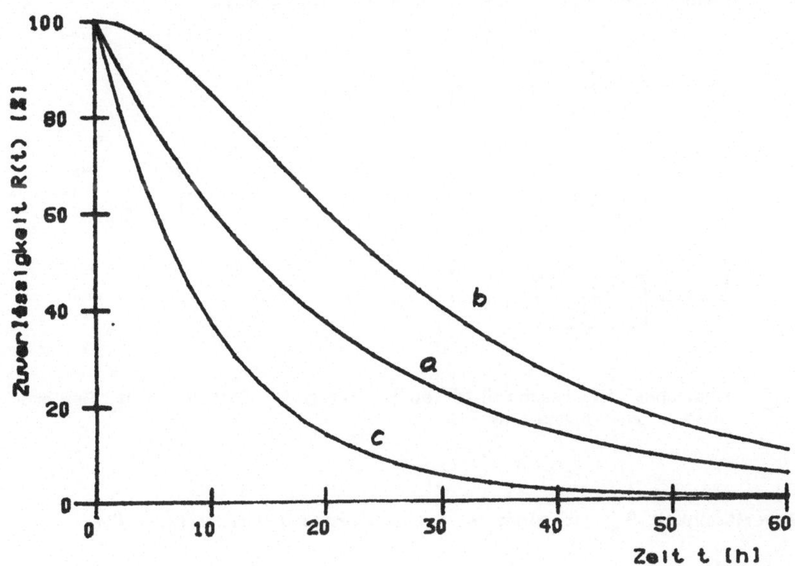

Abb 4.10 Zuverlässigkeitsverläufe der Anordnungen a), b) und c) aus Abb. 4.9 mit konstanten Ausfallraten der Bausteine B_1: $z_1 = 5*10^{-2}$ /h, B_2: $z_2 = 5*10^{-5}$ /h

4.6.2 Fehlertoleranz

4.6.2.1 Sicherheit der Fehlererkennung

Die Steigerung der Zuverlässigkeit von Maschinen ist nur erreichbar durch Schaltungen, bei denen sich Bauteilausfälle nicht auf die Systemfunktion auswirken können, die also fehler_tolerant_ sind. Wie im vorigen Abschnitt gezeigt, sind zur Funktionsfähigkeit einer redundanten Schaltung mit großen zulässigen Ausgangswertebereichen mindestens zwei intakte Baugruppen notwendig. Fehler_tolerant_ gegen Einfachausfälle ist erst ein 2-von-3-System, also ein System mit zwei aktiven, funktionsbeteiligten Bausteinen und einer passiven Reserveeinheit.

Ein m-von-n- passiv- redundantes System ist also eine Anordnung von insgesamt n Bausteinen, von denen m bereits zur Funktionserfüllung ausreichen, und (n-m) Bausteine in Reserve stehen. Der Funktionsumfang solcher m-von-n-redundanter Systeme umfaßt dabei auch die Fehlererkennung (Abb. 4.11).

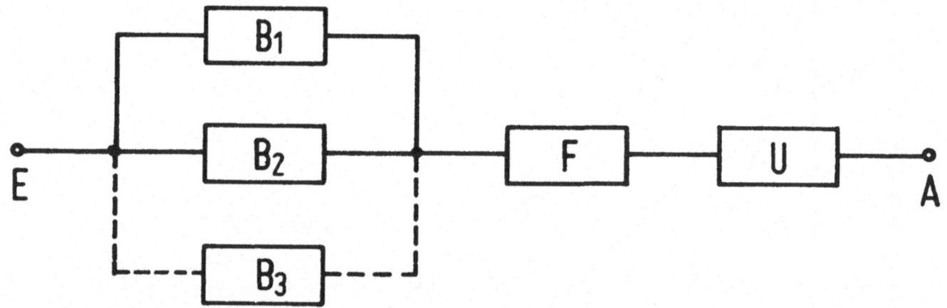

<u>Abb 4.11</u> Logisches Ersatzschaltbild eines 2-von-3- Systems mit Fehlererkennung F und Umschalter U

Die Zuverlässigkeit $R_{m,n}(t)$ einer m-von-n-Anordnung beträgt nach /R6/

$$R_{m,n}(t) = \sum_{i=m}^{n} \left(\binom{n}{i} R_o(t)^i (1-R_o(t))^{n-i} \right) \qquad (4.25)$$

bzw. die Ausfallwahrscheinlichkeit $Q_{n,m}(t)$ entsprechend

$$Q_{m,n}(t) = \sum_{i=0}^{m-1} \left(\binom{n}{i} Q_o(t)^{n-i} (1-Q_o(t))^i \right) \qquad (4.26)$$

Um feststellen zu können, welche m und n bei den verschiedenen Systemen der Werkzeugmaschinentechnik anzuwenden sind, muß die Fehlererkennung genauer betrachtet werden.

Da die gleichzeitig aktiven m Baugruppen also nur dazu da sind, Ausfälle zu erkennen und dadurch Folgefehler zu vermeiden, interessiert hier nur die Wahrscheinlichkeit, mit der ein Fehler nicht erkannt wird. Die Zuverlässigkeit der Fehlererkennung und Umschaltungslogik sei hier zunächst $R_F = R_U = 1$ gesetzt. Ein Ausfall wird dann nicht erkannt, wenn die m Komponenten zum Abfragezeitpunkt alle denselben Fehler haben, also das gleiche falsche Ausgangssignal ansteht. Die Wahrscheinlichkeit, nach einem Ausfall den Ausgangswert A_i zu liefern, ist $P(A_i)$. Es gilt

$$P(A_i) = P(A_{j \neq i}) \qquad (4.27)$$

Die Wahrscheinlichkeit für das Auftreten eines jeden Wertes A_i aus N ist gleich groß, wenn keiner der möglichen Ausgangswerte bevorzugt auftritt. Das gleichzeitige Auftreten mehrerer Ausgangswerte ist selbstverständlich unmöglich, die A_i schliessen sich also gegenseitig aus. Damit ist

$$P(A_N) = \overset{N-1}{\underset{i=1}{SU}} (P(A_i)) = 1 \qquad (4.28)$$

die Wahrscheinlichkeit, daß irgendeiner der möglichen Ausgangswerte nach dem Ausfall auftritt. Wenn N der gesamte mögliche Wertevorrat der Ausgangssignale der Baugruppen ist, dann ist (N-1) der Wertevorrat für die möglichen Fehlersignale, weil ein Signal das Korrekte sein muß. Die Wahrscheinlichkeit, daß, wenn ein Bauteil ausfällt, am Ausgang gerade ein bestimmtes Ausgangssignal A_i erscheint, ist also die bedingte Wahrscheinlichkeit

$$P_{A_i}(A_i!Q_k) = 1/(N-1) \qquad (4.29)$$

Die Wahrscheinlichkeit, daß ein bestimmtes Bauteil k überhaupt ausfällt, ist $Q_k(t)$. Damit ist die Wahrscheinlichkeit, daß ein Bauteil k ausfällt und den Ausgangszustand A_i annimmt.

$$P_{kA_i}(Q*A_i) = Q_k(t)\, P(A_i!Q_k) \ . \qquad (4.30)$$

Die gesuchte Wahrscheinlichkeit, daß alle m redundanten Baugruppen (k = 1...m) ausfallen und das gleiche Ausgangssignal A_i zeigen, ist dann

$$P(m,Q_k*A_i) = \overset{m}{\underset{k=1}{PR}} (\, Q_k(t)*P(A_i!Q_k) \,) . \qquad (4.31)$$

Eingesetzt ergibt sie sich zu

$$P(m,Q_k,N) = \overset{m}{\underset{k=1}{PR}} ((Q_k(t)/(N-1)) = (N-1)^{-m} \overset{m}{\underset{k=1}{PR}} (Q_k(t)). \qquad (4.32)$$

Für gleiche Komponenten eines m-von-n-Systems wird (4.32) zu

$$P(m,Q,N) = (\frac{Q(t)}{N-1})^m, \qquad\qquad (4.33)$$

wobei z.B. N = 2 ist für einen Endlagenschalter, bei dem nur eine Leitung gesetzt wird (A,Ā), N = 4 für einen Endlagenschalter mit zwei Leitungen (2 Kontakten A, B, B̄, Ā), N = 6 für einen Baustein mit 2-Spannungslogik (z.B. +24 V, -24 V) und Leitungsbruchüberwachung (0 V) mit zwei Leitungen. Für ein 16 bit-Wort wäre das entsprechende $N = 2^{16} = 65536$.

Zur Darstellung des Einflusses C(m,N) von m und N wird die Wahrscheinlichkeit für Nichterkennen eines Fehlers zu der Ausfallswahrscheinlichkeit der m--fach redundanten Anordnung ins Verhältnis gesetzt.

$$C(m,N) = P(m,Q*A_i) / Q^m = (N-1)^{-m}. \qquad\qquad (4.34)$$

Die Möglichkeit, Fehler nicht zu erkennen, nimmt mit wachsendem N stark ab. Die Fehlererkennungszuverlässigkeit ist bei einer 1-fach redundanten Schaltung (2-von-n-Anordnung) mit einer Signalführung auf zwei Leitungen (2 bit, N = 4), bereits um fast eine Zehnerpotenz besser, als die Funktionszuverlässigkeit der Parallelanordnung von m = 2 Bausteinen. Die Forderung nach einer zweifachen Leitungsführung für digitale Signale zur Verbesserung der Diagnose und Überwachung wird deshalb auch an anderen Stellen erhoben, z.B. /W5/.

Daraus ist erkennbar, daß im Sinne einer sicheren Diagnose und Fehlererkennung eine Erweiterung der Boolschen Signale um eine Leitung sinnvoll ist, damit der Redundanzgrad möglichst nicht höher als m = 2 gesteigert werden muß (siehe Abb. 4.5). Selbst mit m = 2 ergeben sich bei den in der Steuerungstechnik üblichen Signalbreiten von 8, 12 oder 16 bit hohe Werte für die Zuverlässigkeit der Fehlererkennung. Damit ist die Erkennung von Fehlern bei Signalen mit jeweils mindestens 2 oder mehr Leitungen und einfacher Redundanzen (m = 2) praktisch einfach sicherzustellen, und die Funktionszuverlässigkeit der Fehlererkennung hängt nur mehr von der Zuverlässigkeit des Umschalters ab.

4.6.2.2 Das Umschalten auf intakte Bausteine

Die bisher getroffenen Schlüsse wurden ohne Berücksichtigung des Einflusses der Umschaltfunktion gezogen. Sie und die vorgeschaltete Ausfallerkennung bzw.

Fehlermeldung sind logisch in Reihe zu den Funktionsbausteinen geschaltet (Abb. 4.11).

Die Gleichung für die Zuverlässigkeit der Gesamtanordnung entsteht aus der für logische Reihenschaltung (A.1), wenn anstelle des ersten Bausteines die 2-von--n-Anordnung (4.40) eingesetzt wird.

$$R(t) = (\sum_{i=2}^{n} \binom{n}{i} R_B(t)^i (1-R_B(t))^{n-i}) \; * R_F(t) \; * R_U(t) \tag{4.35}$$

Aus den Regeln für Serienschaltungen ist bekannt, daß die Gesamtzuverlässigkeit sicher schlechter ist, als die der unzuverlässigsten Komponente, da die Zuverlässigkeiten alle kleiner als 1 sind. Im Gegensatz zur Parallelschaltung ist die Zuverlässigkeit der Serienschaltung sehr empfindlich dagegen, daß irgendein Baustein relativ unzuverlässig ist. Die durch m-von-n-Anordnungen erreichte hohe Zuverlässigkeit kann sich demnach nur positiv auswirken, wenn die Zuverlässigkeiten von Fehlermeldung und Umschaltung vergleichbar hoch sind.

Die Funktion "Fehlererkennung" kann aus gängigen Vergleicherschaltkreisen - Differenzverstärker für Analogsignale und logische Komparatoren für Digitalsignale - hergestellt werden (siehe auch Kap. 6.5). Aufgrund des simplen Aufbaus kann eine hohe Zuverlässigkeit erwartet werden. Dies ist auch notwendig, da die Fehlererkennung die gleiche zeitliche Belastung hat, wie die gesamte Anordnung.

Die Umschaltung von Reserveeinheiten in den aktiven Zustand wird dagegen nur im Fehlerfall der Funktionsbausteine benötigt. Ihre zeitliche Belastung ist also sehr gering. Deshalb kann hier auf sehr hohe Funktionszuverlässigkeit verzichtet werden. Die Einsatzzuverlässigkeit R_U ermittelt sich nämlich aus der Funktionszuverlässigkeit R_{FU} und der Einsatzwahrscheinlichkeit P_{EU}, wobei diese aus der Ausfallwahrscheinlichkeit Q_B einer der m aktiven Komponenten der m-von-n--Anordnung zu ermitteln ist (siehe Abb. 4.11), zu

$$R_U(t) = 1 - Q_u(t) = 1 - (1 - R_{FU}(t)) * P_{EU}, \tag{4.36}$$

$$Q_B(t) = 1 - R_B(t)^m. \tag{4.37}$$

Bei ungünstigem prinzipiellem Aufbau der m-von-n-redundanten Anordnung ist das Umschalten ein iterativer Vorgang, weil die Fehlererkennung ja aus zwei unterschiedlichen Signalen noch nicht das falsche ermitteln kann (Abb. 4.12). Die Elnsatzwahrscheinlichkeit P_{EU} des Umschalters ergibt sich dann zu

$$P_{EU}(t) = Q_B(t) + Q_B/m + Q_{2,3}(t) \qquad (4.38)$$

und ist gleich der Wahrscheinlichkeit Q_B, daß ein Baustein B der m aktiven ausfällt, plus der Wahrscheinlichkeit $0,5\ Q_B$, daß beim ersten Schaltvorgang das falsche Bauteil abgeschaltet wurde, plus der Wahrscheinlichkeit $Q_{2,3}$, daß 2 oder mehr der m aktiven Bauteile defekt sind und ausgewechselt werden müssen. Für 2-von-3- Systeme wird (4.35) zu

$$P_{EU,2,3}(t) = 1,5\ Q_B(t) + Q_{2,3}(Dt) \qquad (4.39)$$

mit $Q_{2,3}(t)$ entsprechend (4.26), da der Ausfall von zwei Bauteilen auch das Versagen der 2-von-3- Anordnung bedeutet.

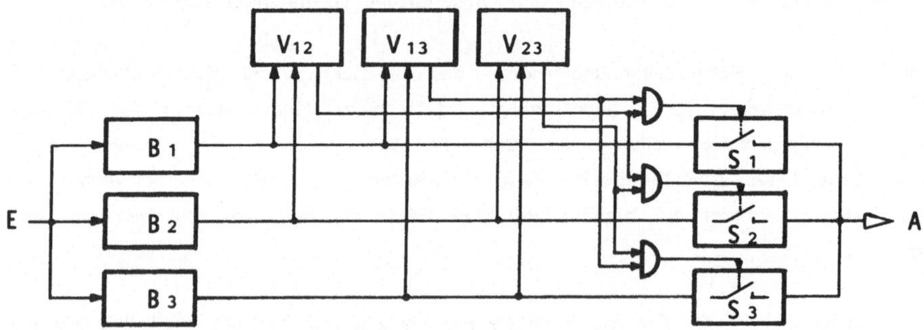

<u>Abb 4.12</u> Schematischer Funktionsschaltplan eines 2-von-3-redundanten Teil-
systems mit Parallelem Vergleich V_{ij} (= Fehlererkennung) und
Umschalter S_{ij} (s. Abb. 6.4 und Abb. 6.5)

In Kap. 6.5 wird der Aufbau der Funktionen "Fehlererkennung" und "Umschaltung" an Steuerungen erklärt. Daraus wird ersichtlich, daß hier eine relativ hohe Zuverlässigkeit machbar ist.

4.6.2.3 Zuverlässigkeit eines 2-von-n- Systems

In Abschnitt 4.6.2.1 wurde festgelegt, daß zur sicheren Fehlererkennung m

= 2 aktive Bausteine ausreichen. Da ein erhöhter Bauteilaufwand die Herstellungs- und Betriebskosten der Maschinen überproportional steigert, sollte man bedacht sein, diesen möglichst niedrig zu halten. Das bedeutet, daß die Anzahl der passiven Reserveeinheiten (n-m) sicher nicht sehr groß sein darf (n meist kleiner als 4). Selbst dann sind bei herkömmlichen Konstruktionsprinzipien die Kosten bereits sehr hoch. Damit beschränken sich die folgenden Betrachtungen auf 2-von-3- und 2-von-4- Systeme. Die hiermit erreichbaren Zuverlässigkeiten errechnen sich aus (4.25) zu

$$R_{2,n}(t) = \sum_{i=2}^{n} \left(\binom{n}{i} R_o(t)^i (1-R_o(t))^{n-i} \right). \qquad (4.40)$$

Für n = 4 ausgeführt ergibt dies:

$$R_{2,4}(t) = \sum_{i=2}^{4} \left(\binom{4}{i} R_o(t)^i (1-R_o)^{n-i} \right) = 6R_o(t)^2 - 8R_o(t)^3 + 3R_o(t)^4, \qquad (4.41)$$

und für n = 3:

$$R_{2,3}(t) = \sum_{i=2}^{3} \left(\binom{3}{i} R_o(t)^i (1-R_o(t))^{n-i} \right) = 3R_o(t)^2 - 2R_o(t)^3. \qquad (4.42)$$

Diese Gleichungen, sowie auch (4.25) und (4.26) stimmen eigentlich nur für aktiv redundante Anordnungen allgemein. Bei den passiv redundanten Schaltungen, um die es hier geht, stimmen die Gleichungen nur, wenn gleiches Ausfallverhalten für die aktiven wie für die Reserveeinheiten vorausgesetzt wird. Bei den meisten Komponenten von Werkzeugmaschinen, insbesondere den elektronischen Schaltungen der Steuerungs- und Regelbausteine ist die Ausfallrate in Reservestellung kleiner, als in der "heißen" Einsatzdauer, aber nicht 0. So ist Schwingungs- und Korrosionsbelastung auch in der Reservedauer vorhanden, so daß man im allgemeinen von einer "warmen" Redundanz sprechen müßte. Da jedoch die meist erheblich kleinere Ausfallrate z_1 während der warmen Reserve schwierig zu ermitteln ist, kann die Zuverlässigkeit $R_{2,3}$ zumindest als unterer Schätzwert herangezogen werden.

Bei verschleißbehafteten Komponenten ist die Reserveausfallrate z_o sehr klein, weil die Belastung durch äußere Einwirkungen noch geringfügiger sind im Vergleich zum aktiven Betrieb. (In /K8/ werden Berechnungsgleichungen für die "warme" und, als Grenzfall, für die "kalte" Redundanz von m-von-n-Anordnungen angegeben. Für die hier durchgeführte Abschätzung ist der Gewinn an Genauigkeit jedoch bedeutungslos).

Die Zuverlässigkeitsfunktion $R_{m,n}(t)$ eines allgemeinen m-von-n-Systems mit $n > m$ hat einen reellen Schnittpunkt mit der Zuverlässigkeitsfunktion $R_0(t)$ der nicht redundanten Schaltung; d.h. es existiert ein Zeitpunkt t_x, bei dem $R_{m,n}(t) = R_0(t_x)$ ist. Auch ist erkennbar, daß die Zuverlässigkeiten $R_{m,n}(t < t_x)$ vor Erreichen des Schnittpunktes größer sind, als $R_0(t < t_x)$, also

$$R_{m,n}(t < t_x) > R_0(t < t_x). \tag{4.43}$$

Für die 2-von-3-Anordnung gilt also: Aus $R_{2,3}(t_x) = R_0(t_x)$ folgt mit (4.42)

$$R_{2,3}(t_x) = 0,5 . \tag{4.44}$$

Mit (A.20) ergibt sich der Überschneidungszeitpunkt t_x zu

$$t_x = t_{0,5} = \ln 2/z_0 = 0,693.../z_0 . \tag{4.45}$$

Aus (A.14) läßt sich der Erwartungswert zu

$$E_{2,3} = \int_0^\infty (R_{2,3}(t)\, dt) = (3/2 - 2/3)/z_0 = 0,833.../z_0 \tag{4.46}$$

Die entsprechenden Größen für 2-von-4-Anordnungen sind:

$$R_{2,4}(t_x) = 6e^{-2zt} - 8e^{-3zt} + 3e^{-4zt} = R_0(t_x) = 0,23241... \tag{4.47}$$

zum Zeitpunkt t_x

$$t_x = 1,4592.../z_0 . \tag{4.48}$$

Der Erwartungswert $E_{2,4}$ beträgt

$$E_{2,4} = \int_0^\infty (R_{2,4}(t)\, dt) = \int_0^\infty ((6e^{-2zt} - 8e^{-3zt} + 3e^{-4zt})\, dt) = 1,75/z_0 . \tag{4.49}$$

Zwar ergibt die Berechnung z.B. für ein 2-von-3-redundantes System nach (4.46) mit $E_{2,3} = 0,833.../z_0$ nur eine um 17% kürzere mittlere Überlebensdauer MTBF im Vergleich zur nicht redundanten Schaltung (= Baugruppe). Das günstige Verhalten für kurze Betriebsdauern wird jedoch aus den höheren Werten der Zuverlässigkeiten bis zum Überschneidungspunkt ersichtlich (Abb. 4.13).

Bei den mit der Betrachtungsdauer t fallenden Verläufen der Systemzuverlässigkeit R(t) bringen die m-von-n-Anordnungen für kurze Einsatzdauern (= Wartungsintervalle) Dt also wieder deutliche Zuverlässigkeitssteigerungen, bzw. bei geforderten Zuverlässigkeiten eine Verlängerung der Wartungsintervalle. Erst eine 2-von-4-Anordnung hat jedoch Vorteile vor der aktiven Redundanz zweier Bausteine (1-von-2-System, Kurve b in Abb. 4.13).

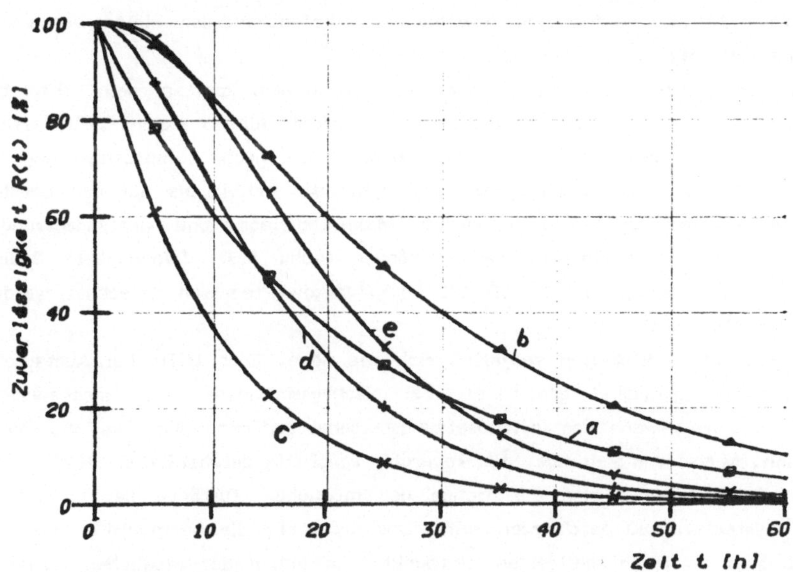

Abb 4.13 Zuverlässigkeitsverläufe verschiedener Anordnungen bzgl. Systemausfall mit $z_o = 5*10^{-2}/h$
  a) nicht redundante Baugruppe $R = e^{-zt}$
  b) einfach redundante Anordnung $R = 1-(1-e^{-zt})^2$
     (Zuv. der Fehlererkennung)
  c) 2-von-2-Redundanz (Parallelschaltg.) $R = e^{-2zt}$
  d) 2-von-3-Redundanz $R = 3e^{-2zt} - 2e^{-3zt}$
  e) 2-von-4-Redundanz $R = 6e^{-2zt} - 8e^{-3zt} + 3e^{-4zt}$

Der Verlauf der Zuverlässigkeit von m-von-n-Anordnungen ist prinzipiell für reparierbare Systeme wie Fertigungsmaschinen sehr günstig, weil erst nach einer bestimmten Zeit ein - dann allerdings steiler - Abfall der Zuverlässigkeit auftaucht, d.h. das Verhalten wird "systematischer", weniger zufällig (vgl. Normalverteilung in Abb. 4.8).

5. Verfügbarkeit höher automatisierter Fertigungsanlagen

5.1 Allgemeine Berechnung

Für reparierbare Systeme mit endlich vielen Systemzuständen und exponentiellem Ausfall- bzw. Instandsetzungsverhalten lassen sich mit Hilfe der Markow-Methode die Aufenthaltswahrscheinlichkeiten für die einzelnen Zustände ermitteln. Um die Markow-Methode anwenden zu dürfen, müssen einige Voraussetzungen erfüllt sein.

1. Die Ausfallrate z und die Reparaturrate m müssen konstant sein, d.h. die Ausfallhäufigkeit und die Instandsetzungshäufigkeit müssen exponentiell verteilt sein. Diese Forderung ist bei Fertigungsanlagen nach Anlaufzeiten und bei genügend langer Beobachtung meist einigermaßen erfüllt bis auf den Bereich kurzer Dauern, da praktisch gewisse Mindestbetriebs- und -Instandsetzungsdauern nicht unterschritten werden können (Abb. 5.1). (Wenn diese Bedingungen nicht erfüllt sind, muß mit Semi-Markow-Prozessen gerechnet werden /S13/) (Abb. 5.1).

2. Instandgesetzte Einheiten verhalten sich wie neue. Dies trifft bei Austauschreparaturen genügend genau zu, bei Nachbesserungen, z.B. mechanischer Schäden, nur, wenn das Instandsetzungspersonal genügend Qualifikation, Motivation, Mittel und Zeit hat, die Reparatur sorgfältig durchzuführen /G2/.

3. Der Zustandsraum, also die Menge der möglichen Zustände des betrachteten Systems, muß geschlossen sein. Das bedeutet, die betrachtete Maschine muß sich zu jedem beliebigen Zeitpunkt t in einem der möglichen Zustände befinden und die Zustände müssen, evtl. über Zwischenstufen, von jedem Zustand des Zustandsraumes aus erreichbar sein (Rekurrenz). Die Berechnung von nicht rekurrenten Zustandsräumen, also z.B. Zustandräume mit absorptiven Zuständen (eine Maschine wird aus Altersgründen nicht mehr repariert), ist in diesem Zusammenhang uninteressant. Bei Berechnungen an Systemen, deren Komponenten reparierbar sind, und die nur die zwei Zustände "funktionsfähig" und "ausgefallen" kennen, sind diese Forderungen erfüllt. Da im folgenden nur prinzipielle Dinge gezeigt werden sollen, sind kleine Abweichungen der Wirklichkeit von obigen Forderungen ohne Bedeutung.

Für eine Maschine mit den zwei Zuständen "funktionsfähig" und "ausgefallen" lassen sich demnach die Aufenthaltswahrscheinlichkeiten (Abb. 5.2) angeben:

$$P_1(t_i) = \exp(-zt_i), \qquad (5.1)$$

$$P_2(t_a) = \exp(-mt_a).\tag{5.2}$$

$P_1(t)$ ist dabei die Wahrscheinlichkeit, daß die Maschine zum Zeitpunkt t funktionsfähig ist, entspricht also der Verfügbarkeit V(t)

$$P_1(t) = V_t(t).\tag{5.3}$$

Die Gleichungen (5.1) und (5.2) lösen einander zeitlich ab, denn wenn die Maschine zu $t_i = 0$ intakt ist, sich also im Zustand 1 befindet, geht sie mit der Ausfallrate z zu einem zufälligen Zeitpunkt $t_i = 0$ in den Zustand 2 über, wird also defekt. Das bedeutet, daß

$$P_2(t_{io}, \; P(t_a)=0) = 1.\tag{5.4}$$

Dann wird die Maschine mit der Rate m repariert und geht zu irgendeinem Zeitpunkt $t_a = 0$ wieder in Funktion, von wo ab wieder die Intaktzeit t_i zu laufen beginnt.

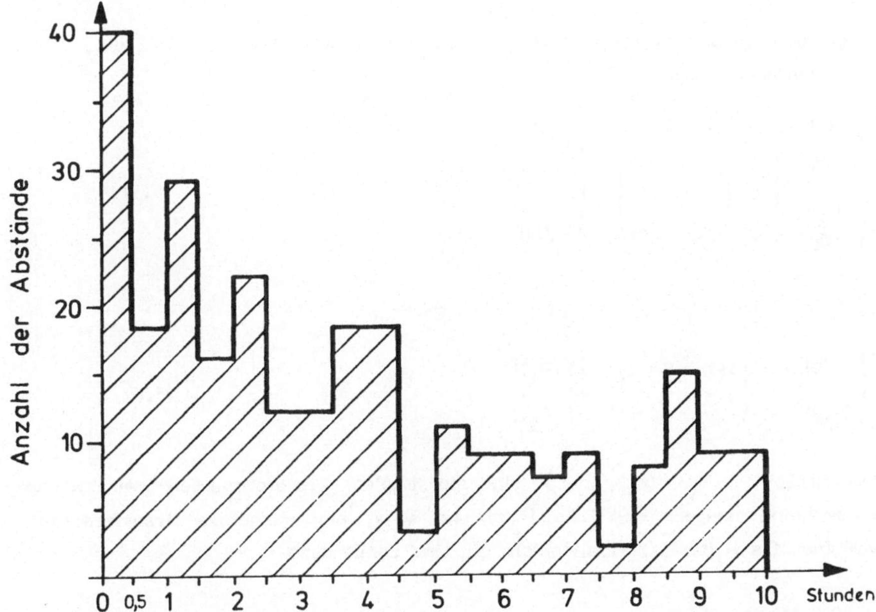

<u>Abb. 5.1</u> Verteilungen der störungsfreien Betriebsdauern einer Transferstrasse (vgl. auch /G2/)

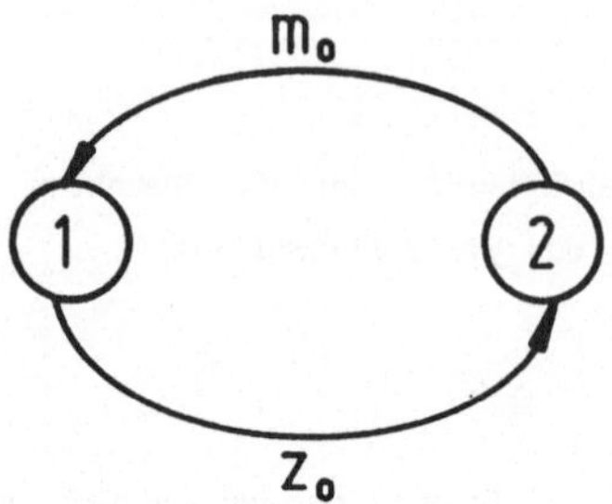

Abb. 5.2 Zustandsgraph einer reparierbaren Baugruppe, Zustand (1) = "intakt", Zustand (2) = "ausgefallen", "in Reparatur"

Mittels der Markow-Methode läßt sich sowohl der instationäre Einschwingvorgang von irgendeinem Anfangszustand $t = 0$, als auch der stationäre Endzustand für die Aufenthaltswahrscheinlichkeiten beschreiben.

Nach den bekannten Regeln (/G1/) sieht das Gleichungssystem für Abb. 5.2 in Matrizenform so aus:

$$\begin{pmatrix} \dfrac{dP_1(t)}{dt} \\[2ex] \dfrac{dP_2(t)}{dt} \end{pmatrix} = \begin{pmatrix} -z & m \\ z & m \end{pmatrix} \begin{pmatrix} P_1(t) \\[1ex] P_2(t) \end{pmatrix} \tag{5.5}$$

(5.5) geht durch Laplace-Transformation über in

$$\begin{pmatrix} P_1(0) \\[1ex] P_2(0) \end{pmatrix} = \begin{pmatrix} s+z & -m \\ z & s+m \end{pmatrix} \begin{pmatrix} L(P_1) \\[1ex] L(P_2) \end{pmatrix} \tag{5.6}$$

Die Größen $L(P_1)$ und $L(P_2)$ sind die "Laplace-Transformierten" der Zustandswahrscheinlichkeiten $P_1(t)$ und $P_2(t)$ und s ist eine komplexe Transformationsvariable. Da $P_1(t)+P_2(t)=1$ allgemein gilt und damit auch

$$P_1(0) + P_2(0) = 1, \tag{5.7}$$

ergibt sich nach Auflösung von (5.6)

$$L(P_1) = \frac{P_1(0)*s + m}{(s^2 + sm + sz)} \qquad (5.8)$$

Dies läßt sich so umformen, daß mittels einer Tabelle /B7/ für Laplacetransformierte und ihre Ausgangsfunktionen die Rücktransformation möglich ist. Es ergeben sich die bekannten Gleichungen für die Verfügbarkeit V(t)

$$V(t) = P_1(t) = \frac{m}{m+z} + (P_1(0) - \frac{m}{m+z}) \, \exp(-(m+z)t) \qquad (5.9)$$

und für die Unverfügbarkeit U(t)

$$U(t) = 1 - V(t) = 1 - P_1(t). \qquad (5.10)$$

Der stationäre Teil der Gleichung ist gleichzeitig die Lösung von V(t) für sehr grosse t, da die Exponentialfunktion für (t $\to \infty$) zu 0 wird und die Klammer vor der e-Funktion zwischen + 1 und - 1 liegt. Mit m = 1/MTTR und z = 1/MTBF kann die stationäre Verfügbarkeit V_g in üblicher Weise ausgedrückt werden als

$$V_o = \frac{m}{m + z} = \frac{MTBF}{MTBF + MTTR} \cdot \qquad (5.11).$$

Damit läßt sich Gl. (5.9) auch als Einschwingvorgang von der Ausgangsverfügbarkeit V_1 auf die stationäre Grenz-Verfügbarkeit V_g schreiben:

$$V(t) = V_g + (V_1 - V_g) \, \exp(-(m+z)t) \qquad (5.12)$$

Mit realen Werten für MTBF = 1/z, MTTR = 1/m oder V für verschiedene Arten von Werkzeugmaschinen und Fertigungsanlagen lassen sich die jeweiligen zeitabhängigen Verläufe der Verfügbarkeit V(t) veranschaulichen. (Werte für m und z sind in den Auswertungen in Kap. 3 zu finden).

5.2 Einflußgrößen auf die Verfügbarkeit

5.2.1 Betrieb mit Instandhaltung

Aus Gleichung (5.11) ist ersichtlich, daß die stationäre Verfügbarkeit V_g nur abhängig ist vom Verhältnis der Raten bzw. Zustandaufenthaltsdauern, nicht

von deren absoluter Größe. Es ist also für den Dauerzustand weitgehend gleich-
gültig, ob viele kurze oder wenige langdauernde Ausfalls- oder Betriebszeiten
an den Maschinen auftreten. Lediglich die Einschwingdauer auf den stationären Zustand hängt von der absoluten Größe von m und z und dem Ausgangszustand V_o ab, wie Gleichung (5.12) zeigt.

In dieser Form ist erkennbar, daß bei gegebener Verfügbarkeit V_g die Einschwingdauer bei großen z und m (kurze Aufenthaltsdauern in den Zuständen funktionsfähig bzw. ausgefallen) kürzer ist. Die Verhältnisse sind für eine Verfügbarkeit
von V_g = 90% und eine mittlere störungsfreie Betriebsdauer MTBF = 160 Stunden bzw. MTBF = 40 Stunden (s. Abb. 3.3) aufgezeichnet, wobei die Anfangs-
verfügbarkeit V_o = 1 gesetzt wurde. (Dies bedeutet, daß zu Betrachtungsbe-
ginn t = 0 alle Maschinen intakt sind, was bei Betriebsbeginn normalerweise
zutrifft).

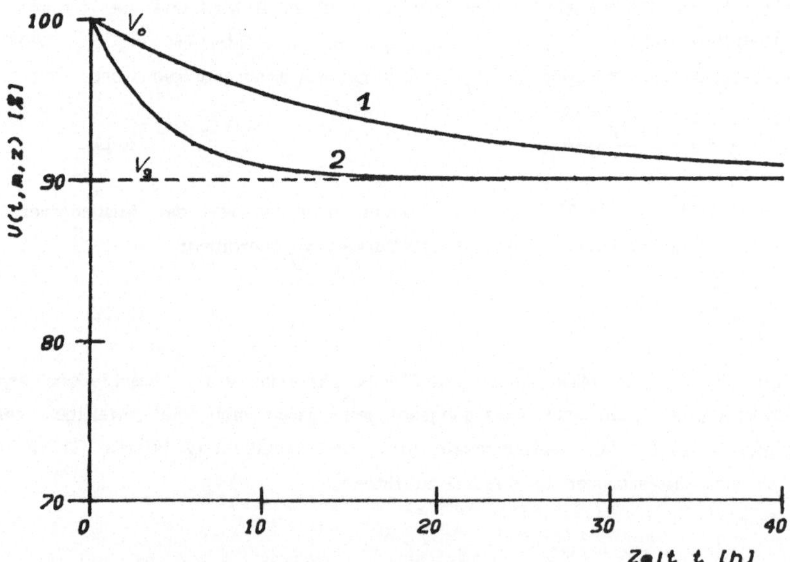

Abb. 5.3 Verfügbarkeitsverlauf einer bemannten Fertigungsanlage aus CNC-Maschinen mit folgenden beobachteten Daten: V_g = 90%, V_o = 100%,
(1) z_1 = 6,25*10⁻³/h, m_1 = 0,0563/h
(2) z_2 = 0,025/h, m_2 = 0,225/h

In Abb. 5.3 sind die Arbeitszeiten ohne Unterbrechungen über der Abszisse (Zeit-achse) aneinander gefügt. Dies ist zulässig, wenn in den Ruhezeiten sowohl die Reparaturrate m, als auch die Ausfallrate z verschwinden. Dann ist nämlich in Gleichung (5.12) der Exponent 0 und damit $V(t) = V_g + (V_{li} - V_g) = V_{li} = const.$ Das bedeutet, daß die technische Verfügbarkeit V_t zu Arbeitsbeginn denselben Stand hat, wie zu Schichtende der letzten vorangehenden Schicht. Die Ausnut-zung "nachts" (Betriebsruhe) ist natürlich 0.

Die Ausfallrate m ist in Wirklichkeit nur dann gleich 0, wenn die Ausfallursa-chen nur durch den Betrieb der Maschinen bedingt sind. Dies trifft auf die mei-sten Komponenten zu. Ausnahmen sind beispielsweise Dauerbrüche durch nicht betriebsbedingte äußere Schwingungen, oder durch "Höhenstrahlung" (= energie-reiche Alphastrahlung) veränderte Inhalte von Datenspeichern.

5.2.2 Teilweise automatischer Betrieb

Oben durchgeführte Betrachtungen zeigen, daß sich beim Betrieb von Fertigungs-anlagen in bemannten Schichten nach einer Anlaufzeit eine konstante Verfüg-barkeit V_0 einstellt, die nur mehr vom Verhältnis MTBF /(MTBF + MTTR) ab-hängt. Zur Ermittlung der Verfügbarkeit von Fertigungsmitteln, die einen Teil ihrer Betriebsdauer vollautomatisch ohne Bedienung und Instandhaltung laufen sollen, muß ein Gleichungssystem aufgestellt werden, das die zeitliche Folge
- Frühschicht mit Bedienung und Instandhaltung
- Spätschicht mit bzw. ohne Bedienung und Instandhaltung
- Nachtschicht mannlos, automatisch
beschreiben kann. Dieses Gleichungssystem beschreibt zwei sich zeitlich ablösende Verfügbarkeitsverläufe, nämlich den für
- Betrieb mit Instandsetzung, d.h. $m(t) = m_o$
- Betrieb ohne Instandsetzung, d.h. $m(t) = 0$.

Die Anfangsbedingung für den nächsten Abschnitt ist dabei jeweils der Endzu-stand der Verfügbarkeit des vorhergehenden Abschnittes.

$$V_{1,i+1} = V(t_i = t_{imax}) \qquad\qquad (5.16)$$

Unter der Voraussetzung exponentiell verteilter Betriebs- und Instandsetzungs-dauern läßt sich die Verfügbarkeitsverteilung mit Gleichung (5.12) beschreiben,

wenn die zeitabhängige Instandsetzungsrate $m(t)$ anstelle der konstanten m_o eingeführt wird.

$$V(t_i) = V_i + (V_{1,i-1} - V_i) \exp(-(m(t_i) + z) t_i), \qquad (5.17)$$

wobei $m(t_i)$ allgemein durch

$$m(t_i) = m_i = \text{const}(i) \qquad (5.18)$$

gegeben und für die jeweilige Schicht i eine Konstante sei, z.B. in der Nachtschicht $m_i = 0$. Die Zeit t_i läuft jeweils ab Schichtwechsel (i, i+1) von t =
0 bis Schichtende. Gleichung (5.17) gibt den Verfügbarkeitsverlauf richtig an,
wenn zu Beginn der bemannten Schicht sofort mit der Instandsetzung aller defekten Maschinen gleichzeitig begonnen wird. Für die Betrachtung des Falles,
daß nicht genügend Instandsetzungspersonal für die gleichzeitige Reparatur aller
Defekte eingesetzt wird, müsste ein Markov-Modell verwendet werden, das neben
den Zuständen "in Betrieb" und "defekt, in Reparatur" auch noch den Zustand
"defekt, Warten auf Reparatur" umfasst.

Die stationäre Verfügbarkeit V_g wird unter diesen Bedingungen praktisch nicht
mehr erreicht, sondern ist nur mehr ein theoretischer Wert (Ausnahme: Sehr
große Werte der Raten z und m). Gleichung (5.17) beschreibt jetzt eine erzwun-
gene Dauerschwingung. Die Momentanverfügbarkeit $V(t)$ liegt innerhalb der Grenz-
werte $V_i = V_g$ und $V_i = 0$, weil die stationäre Verfügbarkeit $V_i = m_i/(m_i+z) = 0$
ist für $m_i = 0$ (keine Instandhaltung).

Für die Wirtschaftlichkeit des Maschineneinsatzes ist jedoch weniger der zeitliche Verlauf der Verfügbarkeit ausschlaggebend, sondern die im "eingeschwungenen" Zustand erreichbare mittlere Verfügbarkeit $\bar{V}$.

Die beiden sich ablösenden Verfügbarkeitsverläufe werden dazu getrennt aufgeführt. Es gilt für den bemannten Betrieb mit Instandhaltung

$$V(t_{bi}) = V_g + (V(t_{ubi}) - V_g) \exp(-(m+z)t_{bi}) \qquad (5.19)$$

$$0 < t_{bi} \leq T_{bi}, \qquad (5.20)$$

und für den unbemannten Betrieb

$$V(t_{uj}) = 0 + (V(t_{buj})-0)\ \exp(-(0+z)t_{uj}) \qquad (5.21)$$

$$0 < t_{uj} \leq T_{uj}. \qquad (5.22)$$

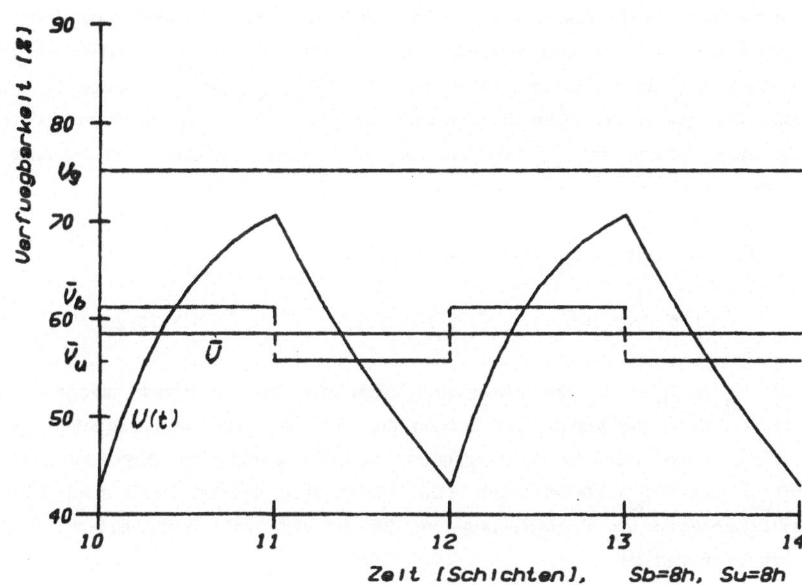

Abb. 5.4 Stationärer Verfügbarkeitsverlauf eines Produktionssystems, das in 1 bemannten und 1 unbemannten Schicht je Tag betrieben wird.
$z = 0,0625/h, \quad m = 0,188/h$

Darin sind T_{bi} und T_{uj} die Dauern der i-ten bemannten bzw. der j-ten unbemannten Schicht. Gleichung (5.21) läßt sich auch kürzer schreiben. $V(t_{ubi})$ und $V(t_{buj})$ sind die momentanen Verfügbarkeiten am Ende der i-ten unbemannten Betriebsdauer T_{ubi} und der j-ten bemannten Betriebsdauer T_{buj}. Diese Verfügbarkeitswerte sind die Anfangsgrößen für den jeweils nachfolgenden Zeitraum (s. Abb. 5.4, Abb. 5.5).

$$V(t_{uj}) = V(t_{bi})\ \exp(-zt_{uj}) \qquad (5.23)$$

Die mittlere Verfügbarkeit $\bar{V}$ bei teilweise unbemanntem Betrieb ergibt sich aus dem Mittelwertsatz der Integralrechnung zu

$$\bar{V} = (1/DT)\ \underset{Dt}{INT}\ (V(t)\ dt) \qquad\qquad (5.24)$$

für den Betrachtungszeitraum Dt. Da die "Schwingung" nach längerer Zeit stationär periodisch wird (Abb. 5.4), reicht es, das Integral über eine Periode im eingeschwungenen Zustand aufzustellen, um den stationären Mittelwert der Verfügbarkeit $\bar{V}_\infty$ zu ermitteln. Dann ist $Dt = T_{Periode}$ normalerweise 24 Stunden (oder bei geänderten Schichtlaufzeiten am Wochenende entsprechend 7 Tage). Für eine Periode von T_p Stunden ausgeführt sieht die Gleichung folgendermassen aus:

$$\bar{V} = 1/T_p\ \underset{0}{\overset{T_b}{INT}}\ ((V_g + (V(t_{ub}) - V_g)\ \exp(-(m+z)t_b)dt_b) +$$

$$+\ 1/T_p\ \underset{0}{\overset{T_u}{INT}}\ (V(t_{bu})\ \exp(-zt_u)\ dt_u)\ . \qquad\qquad (5.25)$$

Darin ist $T_p = T_b + T_u$ die Bezugszeit, über die das auseinandergezogene Integral läuft. Wenn die konstanten Größen aus den Integralen herausgezogen werden, bleiben innen noch die e-Funktionen mit unterschiedlichen Exponenten stehen. $V(t_{ub})$ und $V(t_{bu})$ können ohne Index geschrieben werden, weil diese Übergangsverfügbarkeiten im eingeschwungenen Zustand sich nicht mehr ändern. (5.25) ausgeführt wird also zu

$$\bar{V} = \frac{V_g T_b}{T_p} - \frac{(V(t_{ub}) - V_g)}{T_p(m+z)}\ \exp(-(m+z)t_b)\ \Big|_0^{T_b}\ -$$

$$-\ \frac{V(t_{bu})}{T_p z}\ \exp(-zt_u)\Big|_0^{T_u} \qquad\qquad (5.26)$$

bzw.

$$\bar{V} = \frac{V_g T_b}{T_p} + \frac{V(t_{ub}) - V_g}{T_p(m+z)}\ (1 - \exp(-(m+z)T_b)) +$$

$$+\ \frac{V(t_{bu})}{T_p z}\ (1 - \exp(-zT_u)) \qquad\qquad (5.27)$$

Aus dieser Gleichung können die jeweils erreichbare mittlere Verfügbarkeit $\bar{V}$, die einer mittleren Ausbringung entspricht, sowie die Voraussetzungen für ho-

he Verfügbarkeiten ermittelt werden. Sie ist nicht trivial, da die Übergangsverfügbarkeiten $V(t_{ub})$ und $V(t_{bu})$, die Betriebsdauern T_b und T_u, sowie die Grenzverfügbarkeit V_g auch im eingeschwungenen Zustand kompliziert voneinander
abhängen.

In Abb. 5.5 sind beispielhaft die Vorläufe von $V(t)$ sowie die zugehörigen Werte
der mittleren Verfügbarkeit $\bar{V}$ der Grenzverfügbarkeit V_g für dauernd bemannten
Betrieb, sowie die Übergangsverfügbarkeiten $V(t_{ub})$ und $V(t_{bu})$ eingetragen. Diese
lassen sich durch numerische Approximation mittels rekursiver Berechnung genügend genau ermitteln (Abb. 5.5).

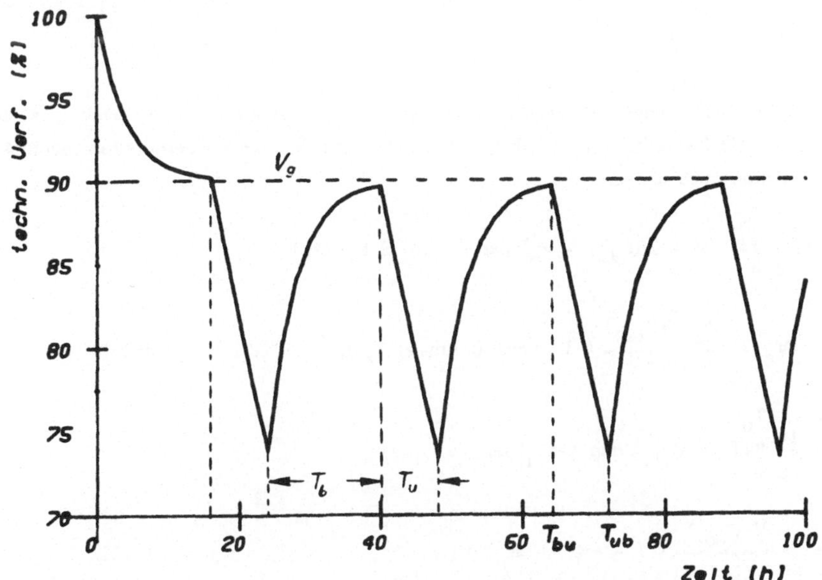

Abb. 5.5 Verfügbarkeitsverlauf einer Fertigungsanlage mit den Raten z_1, z_2,
m_1 und m_2 entsprechend Abb. 5.3; Betriebsweise: 2 Schichten bemannt ($T_b = 16$ h), 1 mannlos ($T_u = 8$ h),
Verfügbarkeit für ausschließlich bemannten Betrieb: $V_g = 90\%$

Die Interpretation von Gleichung (5.25) ist günstigerweise anhand des Vergleichs
mit einer Betriebsweise durchzuführen, bei der die Fertigungsanlage nur während der bemannten Schichten t_b betrieben wird. Die Ausbringung der Maschinen wird dann beschrieben durch den ersten Term der rechten Seite $V_g T_b / T_p$.
Er bedeutet anschaulich, daß die mittlere Verfügbarkeit $\bar{V}_b$ einer nur in bemann-

ten Schichten betriebenen Maschine gleich der technischen Verfügbarkeit V_g mal dem Verhältnis Nutzzeit / Gesamtzeit ist. Bei zweischichtigem Betrieb ist $\bar{V}_b$ also 2/3 der technischen Verfügbarkeit V_g (Bezugszeit 24 statt 16 Stunden).

$$\bar{V}_b = V_g \, T_b \, / \, T_p = V_g \, (2/3) \, . \tag{5.28}$$

Der durch den automatischen Weiterlauf erzielte Vorteil wird durch den Rest der Gleichung beschrieben. Dabei ist der zweite Term der rechten Seite negativ, der dritte positiv, da alle darin enthaltenen Größen nur positive Werte annehmen können und V_g in eingeschwungenem Zustand sicher größer als $V(t_{ub})$ ist.

$$V(t_{ub}) - V_g < 0. \tag{5.29}$$

Man kann sich diesen "Gesamt"-Mittelwert der Verfügbarkeit $\bar{V}$ auch aus den mittleren Verfügbarkeiten $\bar{V}_b$ der bemannten und $\bar{V}_u$ der unbemannten Schichten zusammengesetzt denken.

$$\bar{V}_b = \frac{1}{T_b} \int_0^{T_b} (V_g + (V(t_{ubi}) - V_g) \exp(-(m+z)\,t_b)\,dt_b) =$$

$$= V_g - \frac{V_g - V(t_{ubi})}{T_b\,(m+z)} \, (1 - \exp(-(m+z)\,T_b)), \tag{5.30}$$

$$\bar{V}_u = \frac{1}{T_u} \int_0^{T_u} (V(t_{ubi}) \exp(-z\,t_u)\,dt_u) =$$

$$= -\frac{V(t_{ubi})}{z\,T_u} \, (1 - \exp(-z\,t_u)) \tag{5.31}$$

Aus diesen Werten entsteht der Gesamtmittelwert $\bar{V}$ entsprechend Gleichung (5.27) durch Mitteln während der Betrachtungsdauer T_p:

$$\bar{V} = \bar{V}_b \, (T_b / T_p) + \bar{V}_u \, (T_u / T_p) \tag{5.32}$$

Durch eine Erweiterung läßt sich auch die Auswirkung von Ruhezeiten auf die Ausnutzung von Maschinen aufzeigen. Die Summe der unbemannten und der bemannten Betriebsdauern $T_u + T_b$ ist um die Ruhezeiten T_{Ru} kleiner als die Periodendauer T_p.

$$T_p = T_b + T_u + T_{Ru}.$$

(5.33)

Allerdings kann dann $\bar{V}$ nicht mehr als technische Verfügbarkeit bezeichnet werden, sondern richtiger als Ausnutzung, da der Nutzzeitverlust nun nicht mehr ausschließlich auf technisch bedingte Ausfälle zurückzuführen ist. Sie wirkt sich im Nutzbarkeitsverlauf V(t) so aus, daß zwar die Ausnutzung der Maschinen während der Ruhezeiten = 0 ist, jedoch ist die Verfügbarkeit zu Beginn der folgenden Schicht genauso, wie zu Ende der vorhergegangenen (in Wirklichkeit stimmt dies nur angenähert, da Produktionsmaschinen im allgemeinen nach längeren Ruhepausen Anlaufschwierigkeiten haben, s. Abb. 3.8).

Damit sieht der Verlauf der Nutzung (t) für eine bemannte, eine mannlose und eine freie Schicht gleichungsmäßig folgendermassen aus:

- Für die bemannte Schicht gilt mit $0 < t < T_b$:

$$V_b(t) = V_g + (V (T_{Ru,b}) - V_o) \exp (- (m+z) t_b) .$$

(5.34)

- Für die mannlose Schicht gilt mit $0 < t < T_u$:

$$V_u(t) = V (T_{b,u}) \exp (-zt) .$$

(5.35)

- Für die Betriebsruhe gilt mit $0 < t < T_{Ru}$:

$$V_{Ru}(t) = 0 .$$

(5.36)

Die mittlere Ausnutzung errechnet sich dann analog (5.32) aus

$$\bar{V} = V_b \frac{T_b}{T_p} + V_u \frac{T_u}{T_p} (+ V_{Ru} \frac{T_{Ru}}{T_p}),$$

(5.37)

wobei der Klammerausdruck 0 ist wegen $V_{Ru} = 0$.

Die Abhängigkeit der mittleren Verfügbarkeit $\bar{V}$ im stationären Betriebszustand von der Größe der Grenzverfügbarkeit V_g und der störungsfreien Betriebsdauer MTBF ist in Abb. 5.6 dargestellt. Ausgangspunkt ist eine Anlage, die 8h/Tag bemannt betrieben wird und dabei eine Verfügbarkeit V_g= 90% aufweist, also 7,2h/Tag läuft (Pos. (1)). Durch die Umrüstung auf mannlosen Betrieb sinkt die Verfügbarkeit infolge der vielen zusätzlichen Komponentenausfälle (= kleines MTBF, s. Abb. 3.16) auf V_t= 73%, also 5,8h/Tag bei bemanntem Einschichtbetrieb. Bei Nutzung in einer zusätzlichen mannlosen Schicht mit 8h erreicht diese Anlage nur 1,6h zusätzliche Nutzungsdauer, da infolge nicht stattfindender Instandsetzung die mittlere Verfügbarkeit auf ca. 40%, entsprechend 6,4h/Tag sinkt. Selbst bei Annahme einer Grenzverfügbarkeit von V_g= 90% werden bei kurzen Ausfallabständen MTBF nur Nutzungsdauern von 8h, d.h. V_t= 50%, je 2-Schichttag erreicht. Erst die hohe Zuverlässigkeit fehlertoleranter Teilsysteme bringt gewünschte grosse Ausfallabstände MTBF, mit denen bei teilweise mannlosem Betrieb erheblich höhere mittlere Verfügbarkeiten $\bar{V}_{73\%}$= 57% (Pos. (2)), oder $\bar{V}_{90\%}$= 81,6% (Pos. (3)) bei zB. MTBF = 100h erzielt, was Nutzungsdauern von 9,1h bzw. 13h je 2-Schichttag entspricht.

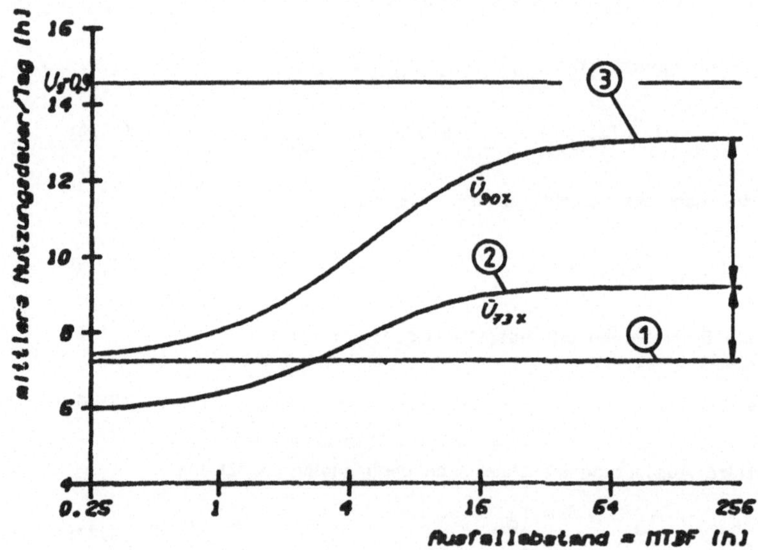

Abb. 5.6 Mittlere Verfügbarkeit $\bar{V}$ bei einer bemannten und einer unbemannten Schicht je Tag als Funktion von V_g und MTBF

Zufriedenstellende Nutzbarkeiten hoch automatisierter Produktionssysteme sind also nur zu verwirklichen, wenn durch kurze Instandsetzungsdauern MTTR die Verfügbarkeiten im bemannten Betrieb V_g hoch sind, und wenn gleichzeitig grosse Ausfallabstände MTBF, dh. hohe Zuverlässigkeiten, auch bei der hohen Komplexität zukünftiger Produktionssysteme erreicht werden.

5.3 Verfügbarkeit 2-von-n- redundanter Systeme

5.3.1 Reparaturhäufigkeit und Reparaturrate

Im vorigen Abschnitt konnte davon ausgegangen werden, daß bei Ausfall des Systems "Werkzeugmaschine" entsprechend der Ausfallrate z die Instandsetzung einer Komponente und evtl. Folgeschäden mit einer Verteilung der Reparaturdauer entsprechend der Reparaturrate m erfolgte.

Bei redundant aufgebauten Teilsystemen an Werkzeugmaschinen ist aber zu unterscheiden zwischen Systemausfall und Komponentenausfall, da ja ein Komponentenausfall die Funktionsfähigkeit des Systems noch nicht beeinträchtigt. Wenn man von einer Wartbarkeit von Maschinen nach herkömmlichem Muster ausgeht, läßt sich leicht erkennen, daß die Reparaturhäufigkeit und die Instandsetzungsdauer stark zunehmen werden. Dies ist allein schon aus der bei redundanten Teilsystemen erforderlichen Komponentenzahl von mindestens 2 plus 1 Umschaltelement, gegenüber einem Funktionsbaustein des nicht redundanten Aufbaus zu ersehen.

5.3.2 Instandsetzung nach Ausfall des Systems

Nach gegenwärtigen Instandhaltungsstrategien ist der Anteil von Inspektionen und vorbeugenden Wartungsmaßnahmen gering und beschränkt sich meist auf Überprüfung bzw. Ergänzen verbrauchter Betriebsstoffe. Instandsetzungsmaßnahmen werden erst nach Ausfall der Maschinen vorgenommen. In diesem Fall wird nur die mittlere Ausfalldauer entsprechend Gleichung (4.51) von $0,833/z$ für 2-von--3-Redundanz, also weniger als der MTBF $= 1/z$ der nicht redundanten Schaltung erreicht. Darüber hinaus ist ein mindestens um den Faktor 2 bis 3 höherer Reparaturaufwand zu erwarten. Dies ist abschätzbar aus der Anzahl der auszutauschenden bzw. zu reparierenden Bauteile. (2 bei Ausfall einer 2-von-3-Anordnung, 3 bei Ausfall einer 2-von-4-Anordnung) und der durch den redundanten Aufbau erhöhten Komplexität (Fehlersuche, Zugänglichkeit). Unter diesen Umständen bringt die Redundanz also eine deutliche Verschlechterung der Verfügbarkeit.

<u>Anmerkung:</u> Exakt darf nicht von Raten gesprochen werden, da die Verteilungen nicht mehr exponentiell sind (siehe Kap. 4).

5.3.3 Inspektion innerhalb kurzer Abstände

Die Instandsetzung von Komponenten vor einem Systemausfall ist nur möglich, wenn die Komponentenausfälle erkannt werden können. Dazu sind Inspektionen Voraussetzung. Die Abstände der Inspektionen müssen klein sein relativ zum mittleren zu erwartenden Störungsabstand E des Systems, um hohe Zuverlässigkeitswerte zu erhalten. Die Dauer der Inspektion hängt stark von der Unterstützung bei der Fehlererkennung und Ursachenbestimmung ab, die das System bietet. Da bei fehlertolerantem Aufbau die automatische Fehlererkennung und -Lokalisierung auf der Ebene der redundanten Bausteine implizit gelöst ist, kann die Inspektion durch die Maschine selbst durchgeführt werden. Die Instandhaltungsorganisation wird dadurch entlastet, die automatischen Inspektionen (= Betrachtungsdauern) können in dichter Folge ausgelöst werden, und an der Maschine muß erst eingegriffen werden, wenn ein Komponentenausfall gemeldet wird (selbstmeldende Fehlerüberwachung).

Neben den in Kap. 2 bereits erwähnten Vorgehensweisen zur Überwachung und Fehlerdiagnose bietet der redundante Aufbau von Teilsystemen sichere Möglichkeiten zur Erkennung von Fehlern und zur schnellen Lokalisierung der defekten Teile. Unter diesen Voraussetzungen und bei instandhaltungsfreundlichem Aufbau der Maschinen ist zu erwarten, daß die Instandsetzungsraten m niedriger werden als gegenwärtig. Welche Werte von m erforderlich sind, um mindestens auf die gleiche Verfügbarkeit im bemannten Betrieb zu kommen, wie Maschinen mit nicht redundantem Aufbau, läßt sich folgendermaßen ermitteln: Die Wahrscheinlichkeit, daß ein Bauteil des 2-von-3- (2-von-4-) redundanten Systems ausfällt und repariert bzw. ausgetauscht werden muß, ist gleich der Ausfallwahrscheinlichkeit des entsprechenden Seriensystems:

$$Q(t) = 1-(1-Q_i(t))^n . \tag{5.38}$$

Da die Überlebenswahrscheinlichkeit exponentiell verteilt sein soll, ist die Zuverlässigkeit aller redundanten Bauteile zusammen durch

$$R(t) = R_i(t)^n = R_o \exp(-nzt) \tag{5.39}$$

beschrieben. Die Ausfallrate ist damit $z_n = nz$, d.h. bei 2-von-3- (2-von-4-) Anordnungen ist die Anzahl der Instandsetzungsvorgänge 3 (4) mal so hoch wie bei einfachem Aufbau. Es ist also eine 3 (4) mal so große Instandsetzungsrate m nötig, um die gleiche stationäre Verfügbarkeit V_∞ zu erreichen, weil

$$V_\infty = m/(m+z) = nm_o/(nm_o+nz_o) = V_g \ . \tag{5.40}$$

Allerdings wird dabei ein schnelleres Einschwingen auf den Endwert V_∞ erreicht, da der zeitabhängige Anteil in (5.9) schneller verschwindet:

$$V(t) = V_g + (V_1-V_g) \exp (-n \, (m_o+z_o) \, t) \ . \tag{5.41}$$

Diese hohen Ansprüche an die Reparaturrate m und damit an die Instandsetzbarkeit der Maschinen mit redundanten Teilsystemen sind als Mußforderung an die Entwicklung dieser Maschinen zu stellen. Darüber hinaus wird auch die mittlere Verfügbarkeit $\bar{V}$ bei teilweisem Betrieb in "Geisterschichten" empfindlich durch V_g beeinflußt. Es ist nachzuprüfen, ob diese drastische Erhöhung der Reparaturrate denkbar ist, und welche Voraussetzungen dazu nötig sind.

5.3.4 Möglichkeiten der Senkung der Instandsetzungsdauern

Der geforderte Sprung der Reparaturrate auf den 3- (4-) fachen Wert ist nur durch Beschreiten auch unkonventioneller Wege möglich. Voraussetzung ist die Erfüllung aller Bedingungen, die die Instandhaltung nach konventionellen Erkenntnissen effektiv gestalten (s. Kap. 2). Darüberhinaus müssen die Eigenschaften des redundanten Aufbaues dahingehend genutzt werden, daß Fehler von selbst gemeldet werden und genaue Hinweise für Fehlerort und -Ursache gegeben werden. Wenn dies während des weiter ablaufenden Fertigungsvorgangs geschieht, also die Fehlertoleranzeigenschaften genutzt werden, wird die Verfügbarkeit der Maschinen nicht beeinträchtigt.

Die Instandsetzungsdauer für Reparatur bzw. Tausch von defekten Bauteilen kann mit herkömmlichen Methoden nur mehr geringfügig gesenkt werden. Also ist eine Minderung der Verfügbarkeit nur zu vermeiden, wenn auch während der Instandsetzung die Fertigung möglichst nicht unterbrochen werden muß.

Grundsätzlich ist es möglich, daß eine Maschine mit fehlertolerantem Aufbau beim Auswechseln, also Nichtvorhandensein eines defekten Bausteines weiter funktioniert. Die praktische Durchführbarkeit ist sicher nicht allenthalben gegeben und erfordert entsprechende Modifikationen. Unter der Voraussetzung von "In Service Maintenance" und "In Service Repair", also Instandhaltung während der Nutzung, scheint eine Verkürzung der Stillstandsdauern in gleichem Maß, wie die Komponentenzahl zunimmt, realistisch; auch deshalb, weil durch die häufigere Erneuerung der defekten Komponenten die Gesamtzuverlässigkeit der Maschine sehr hoch gehalten werden kann, und damit zeit- und kostenaufwendige Instandsetzungen durch unerwartete Gesamtausfälle mit Folgeschäden sehr viel unwahrscheinlicher sind.

Die Einhaltung der ursprünglichen Verfügbarkeit der Maschinen entsprechend Gleichung (5.32) ist mit fehlertolerantem Aufbau also möglich, während sie bei fehlererkennendem Aufbau (2-von-2-System) nicht erreicht werden kann.

Der Abfall der Zuverlässigkeit bzw. Verfügbarkeit während der bedienerfreien Schicht läßt sich für ein 2-von-3-System aus (4.42) ermitteln.

$$V_u(t) = 3V_{bu}^2 \exp(-2zt) - 2V_{bu}^3 \exp(-3zt) \qquad (5.42)$$

Damit wird die mittlere Verfügbarkeit entsprechend (5.24) zu

$$\bar{V} = \frac{1}{T_p} \int_0^{T_p} (V_b(t)dt) + \frac{1}{T_p} \int_0^{T_p} (V_u(t)dt) . \qquad (5.43)$$

Dies entspricht im ersten Term (5.25), während der zweite Term durch (5.42) bestimmt ist. Die mittlere Verfügbarkeit wird dadurch zu

$$\bar{V}_{2,3} = \frac{V_g T_b}{T_p} + \frac{V(t_{ub})-V_g}{T_p(m+z)} (1 - \exp(-3(m + zT_b))) -$$

$$- \frac{3V_{bu}^2}{2T_p z} (1 - \exp(-2zT_u)) + \frac{2V_{bu}^3}{3T_p z} (1-\exp(-3zT_u)) . \qquad (5.44)$$

Durch Gleichsetzen der mittleren Verfügbarkeit $\bar{V}$ aus Gleichung (5.27) und (5.44) ließen sich Grenzparameter ermitteln, bis zu denen redundante Systeme Vorteile gegenüber nicht redundant aufgebauten haben. Es genügt jedoch, die Verfügbarkeit nicht unter 50% sinken zu lassen, damit die mittlere Verfügbarkeit $\bar{V}$ eines teilweise unbewacht laufenden Fertigungssystems mit 2-von-3-redundantem Aufbau sicher immer größer ist als die eines Systems mit nicht redundantem Aufbau (s. 4.43).

5.4 Höhere Redundanzgrade

Obwohl der beträchtliche Aufwand bei der Herstellung zu beachten ist, kann an manchen Stellen die Erhöhung der Redundanz n der 2-von-n- Systeme erforderlich sein. Wie aus Gleichung (5.39) ersichtlich, wächst die Komponentenausfallrate z bei gleicher Komponentenzuverlässigkeit mit der Anzahl der redundanten Komponenten linear an:

$$z_n = nz \ . \tag{5.45}$$

Die Systemzuverlässigkeit erreicht dagegen entsprechend Gleichung (4.40) hohe Werte.

Die Instandsetzungsrate m wird sich bei gleichen Systemeigenschaften hinsichtlich Fehlererkennung, Fehlerortsbestimmung und "In service repair" nur mehr geringfügig, z.B. durch die höhere Komplexität, gegenüber $m_{2,3}$ ändern. Weil jedoch die Instandsetzung (Reparatur bzw. Tausch der defekten Komponenten) erst notwendig ist, wenn die Anzahl der defekten Komponenten des redundanten Teilsystems gegen n-2 geht, nähert sich die Instandsetzungswahrscheinlichkeit für große n der sehr geringen Systemausfallwahrscheinlichkeit $Q_{2,n}$.

Große Zeitabstände und frühe Voranmeldung durch Fehlerdiagnose machen die Instandsetzungsvorgänge besser planbar. Damit kann erwartet werden, daß mit höherem Redundanzgrad die Maschinenverfügbarkeit erheblich zunimmt. Die Verfügbarkeit V_o bzw. die mittlere Verfügbarkeit $\bar{V}$ bei teilautomatischem Betrieb ist bei $n \geq 4$ den Werten der nicht redundanten Ausführung überlegen.

5.5 Zusammenfassung

Die bisherigen Ausführungen zeigen, daß die Zuverlässigkeit von gesteuerten Werkzeugmaschinen nicht einfach durch die Steigerung der Baugruppenzuverlässigkeit gesteigert werden kann. Zur wirkungsvollen Vermeidung von Fehlfunktionen und Maschinenstillstand ist einerseits eine leistungsfähige Fehlerdiagnose, andererseits ein fehlertoleranter Aufbau der Funktionsbaugruppen erforderlich. Im letzten Abschnitt von Kap. 4 wurde gezeigt, daß dazu mindestens eine 2--von-3-, bei hohen Ansprüchen eine 2-von-4-Anordnung Voraussetzung ist. Das Ergebnis sind gute Eigenschaften bzgl. der möglichen Minimierung der Stillstandhäufigkeiten. Die Fehlererkennung ist relativ einfach zu verwirklichen, so daß deren hohe Zuverlässigkeit praktisch kaum zusätzlichen Aufwand erfordert.

Solchermaßen aufgebaute Teilsysteme liefern eine $(n=3)$ -fache Komponentenausfallrate, während die Systemausfallwahrscheinlichkeit $R_{2,3}$ bei Komponentenzuverlässigkeiten $R_i > 0,5$ niedriger ist $(R_{2,3} > R_i > 0,5)$. Der Zuverlässigkeitsgewinn durch 2-von-3-Redundanz ist bei realen Zuverlässigkeiten der Komponenten von $R_i > 0,9$ erheblich.

Die höhere Systemzuverlässigkeit ist nur nutzbar, wenn die Komponentenausfälle behoben werden, bevor das System beeinträchtigt wird. Beim 2-von-3-System muß nach jedem Komponentenausfall instandgesetzt werden. Bei redundanten Teilsystemen und konventioneller Instandstetzung wäre die Verfügbarkeit entsprechend der höheren Komponentenzahl niedriger als die des nicht redundanten Systems. Die höhere Systemzuverlässigkeit kann sich erst auf die Systemverfügbarkeit auswirken, wenn die Komponenteninstandsetzung einen möglichst kurzen, wenn möglich gar keinen Maschinenstillstand bedingt.

Durch die Fehlertoleranzeigenschaft ermöglicht die 2-von-3-Redundanz grundsätzlich eine "In Service Maintenance" bzw. "In Service Repair". Weil infolge der Fehlererkennung zusätzlich größere unerwartete Ausfälle umgangen werden können, scheint eine aus Gründen der Instandhaltungszeitaufwandes erforderliche, mindestens dreifache Reparaturrate gegenüber konventionell strukturierten Maschinen möglich. Die praktische Durchführung setzt aber einige konstruktive Änderungen voraus (Sicherheit des Instandhaltungspersonals, Kurzschlußsicherheit bei Komponententausch, Tauschreparatur ...).

Eine Erhöhung des Redundanzgrades auf $n > 3$ (2-von-n- System) bringt einerseits eine Erhöhung der Systemzuverlässigkeit, andererseits häufigere Komponentenausfälle. Da die Instandsetzung erst dann stattfinden muß, wenn $(n-2)$ Komponenten ausgefallen sind, nimmt die Instandsetzungshäufigkeit mit n stark ab. Der Verfügbarkeitsgewinn ist bei höheren n nicht auf hohe Raten m der Komponentenreparatur angewiesen.

Redundanz ist aus praktischen Gründen nicht auf Bauteilebene, sondern günstiger auf Baugruppenebene einzubauen (Lieferbarkeit, Herstellungskosten, Stückzahlen gleicher Baugruppen). Besondere Beachtung bei der Redundanzerhöhung müssen die Sensoren, einschließlich der Informationsübermittlung (Leitungen), und sonstige Baugruppen der Meß-, Steuer- und Regelungstechnik, Leistungselektronik usw. finden. Für die Steigerung der Verfügbarkeit muß die Reihenfolge des Vorgehens durch eine Aufwand-Nutzenanalyse an Hand der Punkte Sicherheit, Zuverlässigkeit, Ausfallauswirkungen, Ausfallhäufigkeit, Ausfallursachen, zeitlicher und finanzieller Aufwand an die jeweiligen Gegebenheiten angepaßt werden. Voraussetzung zum Erreichen niedriger Instandhaltungskosten ist die effektive Nutzung der Diagnose- und Fehlerlokalisierungsmöglichkeiten eines redundanten Aufbaus.

6. Realisierung hoch zuverlässiger flexibel automatisierter Werkzeugmaschinen

6.1 Voraussetzungen, Randbedingungen, Kosten/Nutzen-Relation

Die herkömmlichen Methoden - Zuverlässigkeitssteigerung der Bauteile und Komponenten, Test, künstliche Alterung usw. - bieten bei der hohen Anzahl der Bauteile in Werkzeugmaschinen keine wirtschaftlich nutzbaren Spielräume zur Zuverlässigkeitssteigerung. Da in Zukunft die Maschinen durch höhere Automatisierungsgrade, höhere Flexibilität und höhere Funktionalität noch erheblich an Komplexität zunehmen werden, ist eine erhebliche Steigerung der Zuverlässigkeit erforderlich.

In Kap. 4 und 5 wurde gezeigt, daß fehlertolerante Systemstrukturen derartige Zuverlässigkeitssteigerungen ermöglichen. Bei gleichem Funktionsumfang erfordert die Fehlertoleranz von Baugruppen gegenüber einem konventionellen Aufbau jedoch mindestens eine dreifache Komponentenanzahl und Zusatzaufwand für Fehlererkennung, Umschaltung, Vermaschung und Protokollierung des Ausfallverhaltens.

Fehlertolerante Teilsysteme bedingen durch die erhöhte Redundanz also einen höheren Bau- und Betriebsaufwand. Der entsprechende Kostenzuwachs muß durch den Produktivitätszuwachs, der durch eine höhere Verfügbarkeit entsteht, erwirtschaftet werden können.

6.1.1 Wirtschaftlichkeitsüberprüfung

Im folgenden soll ermittelt werden, wieviel teurer eine Produktionsmaschine sein darf, wenn sie einen bestimmten Verfügbarkeitsvorteil aufweist, also zB. statt einer niedrigen Verfügbarkeit entsprechend kleiner MTBF eine Gesamtverfügbarkeit entsprechend Pos. (2) und (3) in Abb. 5.6 zum Tragen kommt.

Als Vergleichswert dienen die Fertigungskosten K_F, die aus der Betriebsmittelbelegungszeit T_{bB} und dem Maschinenstundensatz K_{MH} entstehen (Allgemein-, Personal- und Werkzeugkosten werden hier nicht berücksichtigt).

$$K_F = T_{bB} \, K_{MH} \qquad\qquad (6.1)$$

Der Maschinenstundensatz wird ermittelt aus den Kosten für Abschreibung K_A sowie Zinsen K_Z infolge der Investition, den Raumkosten K_R, den Energiekosten K_E sowie den Kosten für Instandhaltung K_I, verteilt auf die tatsächliche Maschinennutzzeit T_N:

$$K_{MH} = (K_A + K_Z + K_R + K_E + K_I) / T_N \quad \text{(DM/h)}, \qquad (6.2)$$

wobei die Nutzzeit T_N entsteht, wenn von einer Grundzeit T_G "organisatorisch" bedingte Stillstandzeiten $T_{org} = T_{BL} + T_{BR} + T_{BA} + T_{BE} + T_{BP}$, also Nutzungsausfallzeiten aufgrund "ausser Einsatz"-Stellung, "Betriebsruhe", "ablauf"-, "erholungs"- und "persönlich" bedingtes Unterbrechen (laut REFA /R1/), und instandsetzungsbedingte Nutzungsunterbrechungen $T_I = T_{BS}$ abzieht:

$$T_N = T_G - T_{org} - T_I \qquad (6.3)$$

T_G wird im Sinne einer beabsichtigten, möglichst weitgehenden Nutzung von Betriebsmitteln zu

$$T_G = 365 \text{ Tage/Jahr} * 24h = 8760 \text{ h/Jahr} \qquad (6.4)$$

festgelegt. Die Zeitverhältnisse lassen sich günstig durch Verfügbarkeiten darstellen. Die "organisatorisch" bedingte Verfügbarkeit beträgt

$$V_{org} = \frac{T_G - T_{org}}{T_G} = \frac{T_G - (T_{BL} + T_{BR} + T_{BA} + T_{BE} + T_{BP})}{T_G} \; . \qquad (6.5)$$

Nach derzeit üblichen Regelungen beträgt die nutzbare Jahresarbeitszeit bei bemanntem 1-Schicht-Betrieb $T_{N,org} = 220 * 8 = 1760$ h/Jahr und bei 2-Schicht--Betrieb $T_{N,org} = 220 * 16 = 3520$ h/Jahr. Die entsprechenden "organisatorisch" bedingten Verfügbarkeiten betragen demnach nur $V_{org,1S} = 20\%$ bzw. $V_{org,2S} = 40\%$ (Abb. 1.5)! In der Nutzungszeit $T_{N,org}$ schmälern die technisch bedingten Störungen $T_I = T_{BS}$ die Gesamtverfügbarkeit:

$$V_t = \frac{T_G - T_{org} - T_I}{T_G - T_{org}} = \frac{T_G V_{org} - T_I}{T_G V_{org}} \; . \qquad (6.6)$$

Damit wird Gleichung (6.3) zu

$$T_N = T_G \, V_{org} \, V_t \qquad (6.7)$$

Gleichung (6.2) setzt sich also aus folgenden Größen zusammen:

1. Die <u>Abschreibungskosten K_A</u> hängen vom Anschaffungspreis, der Abschreibungsdauer und der Kostensteigerung während der Abschreibungsdauer ab. Ausgehend von einer Kostensteigerungsrate von 5%/Jahr ergeben sich Wiederbeschaffungskosten von 1,34 P nach einer Abschreibungsdauer von 6 Jahren. Linearisiert ergibt sich ein mittlerer Kostensteigerungsfakor von 1,17 für 6 Jahre, der zu jährlichen Abschreibungskosten von p_A= 1,17 / 6 = 0,195, also ca. 20% von P führt. Damit ergeben sich stündliche Abschreibungskosten von

$$K_{AH} = p_A \, P \, / \, T_N = 0,195 \, P \, / \, T_N. \qquad (6.8)$$

2. Die kalkulatorischen <u>Zinsen K_Z</u> je Arbeitsstunde ergeben sich aus dem Anschaffungspreis P und dem kalkulatorischen Zinssatz von derzeit p_Z= 9% zu

$$K_{ZH} = p_Z \, P \, / \, T_N = 0,09 \, P \, / \, T_N \qquad (6.9)$$

3. Die <u>Raumkosten K_R</u> betragen für eine genutzte Industriehalle ca. k_F = 16 DM/(m^2 Monat), also k_F= 192 DM/m^{2}Jahr. F ist die für eine Maschine benötigte Nutzfläche. Umgelegt auf die geplante Nutzungsdauer im Jahr entstehen mit F = 40m^2 stündliche Raumkosten von

$$K_{RH} = k_F \, F \, / \, T_N = 192 \, F \, / \, T_N. \qquad (6.10)$$

4. Die <u>Energiekosten K_E</u> werden ermittelt aus der Anschlußleistung P_{EA}, dem Leistungsausnutzungsgrad E_P = 0,6, der Anschlußleistung $P_{E,A}$ = 50kW, einem Grundpreis von k_{Ei} = 22.- DM/kW*Monat mittlerer installierter und einem Arbeitspreis von k_{Ea} = 0,12 DM/kWh verbrauchter Leistung. Der Energieverbrauch im Lauf sei unabhängig von der Zuverlässigkeit gleich hoch. Die Energiekosten betragen demnach

$$K_{EH} = \; P_{EA} \, E_P \, (k_{Ea} + 12 \, k_{Ei} \, / \, T_N). \qquad (6.11)$$

5. Die <u>Instandhaltungskosten K_I</u> werden als feste Kosten eines Wartungsvertrages von k_I= 12% des Anschaffungspreises/Jahr festgelegt.

$$K_{IH} = k_I \, P \, / \, T_N = 0,12 \, P \, / \, T_N \qquad (6.12)$$

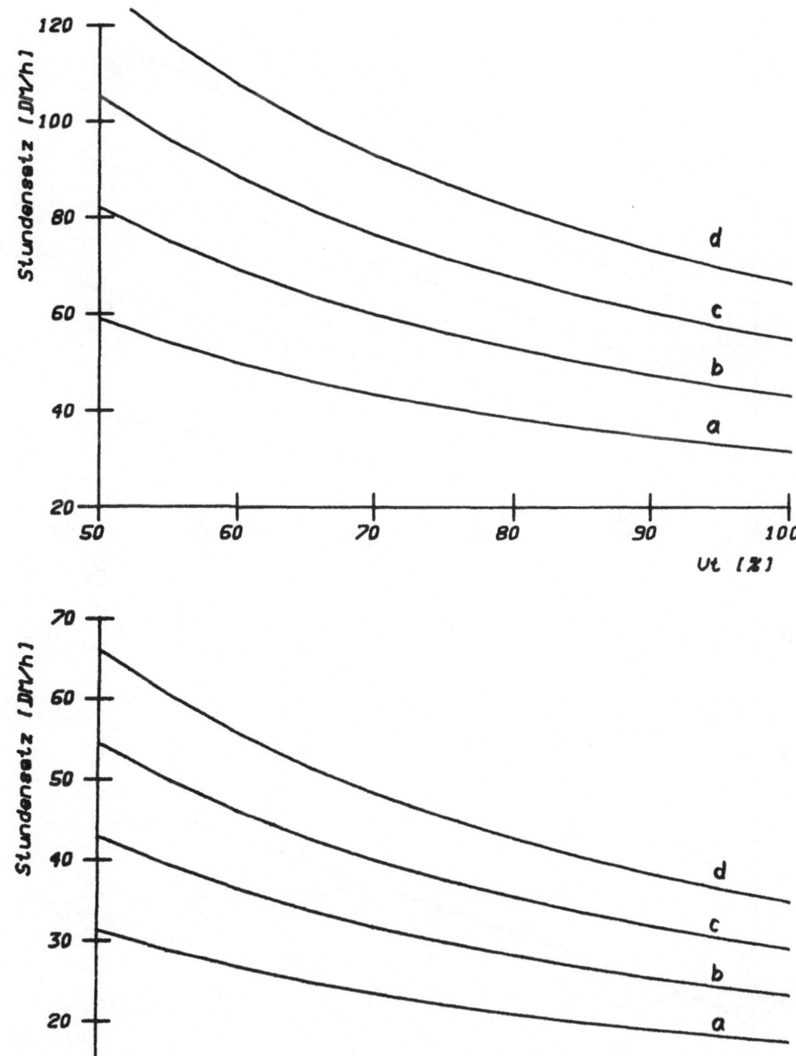

<u>Abb. 6.1</u> Abhängigkeit der Maschinenstundenkosten K_{MH} von der technischen Verfügbarkeit V_t bei Maschineninvestitionskosten P von a. 200 000.-DM, b. 300 000.-DM, c. 400 000.-DM, d. 500 000.-DM und einem "organisatorisch" bedingten Nutzungsgrad V_{org} = 40% (oben) und V_{org} = 80% (unten)

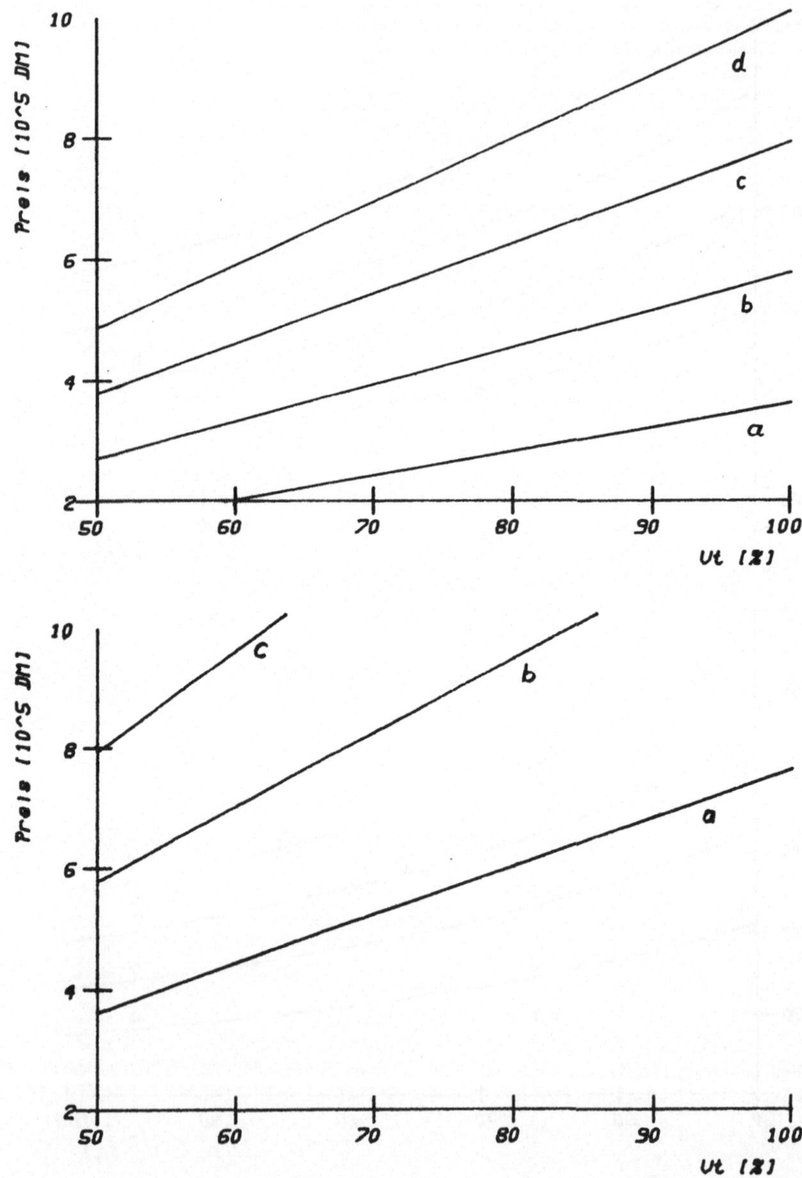

Abb. 6.2 Maschinenpreis als Funktion der technischen Verfügbarkeit V_t bei konstanten Betriebskosten K_{MH} von a. 50.-DM/h, b. 75.-DM/h, c. 100.-DM/h, d. 125.-DM/h und Nutzungsgraden von V_{org}= 40% (oben) bzw. V_{org}= 80% (unten)

In Wirklichkeit sollten durch die höhere Systemzuverlässigkeit bei teilredundantem Aufbau auch niedrigere Instandhaltungskosten möglich sein; dies wird hier jedoch nicht berücksichtigt. Es entsteht eine Gleichung für die Maschinenstundenkosten (ohne Personal-, Allgemein- und Werkzeugkosten) mit T_N aus Gleichung (6.7) als Funktion der Verfügbarkeiten (Abb. 6.1):

$$K_{MH} = (P(p_A + p_Z + k_I) + (Fk_F + 12P_{EA}E_p k_{Ei})) / T_N + P_{EA}E_p k_{Ea} \quad DM/h \quad (6.13)$$

Interessant ist auch die Frage, wie sich der Maschinenpreis bei gleicher Wirtschaftlichkeit $(K_{MH} = const.)$ ändern darf, wenn dadurch höhere Verfügbarkeiten erreicht werden. Gleichung (6.14) beschreibt den entsprechenden Zusammenhang (Abb. 6.2):

$$P = \frac{(K_{MH} - P_{EA}E_p k_{Ea}) T_N - F k_F - 12P_{EA}E_p k_{Ei}}{p_A + p_Z + k_I} \quad DM/h. \quad (6.14)$$

6.1.2 Beurteilung des Instandhaltungsaufwandes

Zur Wirtschaftlichkeitsrechnung wurde für die Instandhaltungskosten mangels genauerer Erfahrungswerte ein fester Kostensatz angenommen, wie bei Wartungsverträgen üblich. Die realen Instandhaltungskosten hängen stark von der Instandhaltungsorganisation ab, insbesondere unter den Gegebenheiten fehlertoleranter Teilsysteme.

Die laufenden Kosten für die Sicherung der Verfügbarkeit der Maschinen bestehen hauptsächlich aus den Material- und Lagerkosten für die Ersatzteile und den Personalkosten für die Instandhaltung. Dabei wird die Ersatzteilhaltung zwar mit der Anzahl zusätzlicher Funktionsbausteine für gesteigerte Redundanz mitwachsen, jedoch nicht linear; durch die Vorwarnzeiten und die höheren Systemzuverlässigkeiten müssen mehrfach redundante Bauteile nämlich nur in der Zahl auf Lager gehalten werden, die bei einem Systemausfall zur Wiederherstellung der Funktionsfähigkeit benötigt werden. Infolge der besseren Planbarkeit der Instandsetzung kann bei höher redundanten Teilsystemen durch Beschaffung erst im Bedarfsfall auf eine Ersatzteilbevorratung sogar gänzlich verzichtet werden.

Die Instandhaltungspersonalkosten hängen vom Umfang der Instandhaltungstätigkeiten ab, die zur Verfügbarkeitssicherung nötig sind. Beim bisherigen Aufbau der Maschinen konnte der Zeitaufwand für die Instandhaltung ohne größeren Fehler aus der Verfügbarkeit der Maschinen ermittelt werden, da der Anteil der Wartung in Betrieb ("In Service Maintenance") und der Reparatur in Betrieb ("In Service Repair") minimal war.

Im letzten Abschnitt (Kap. 5) wurde festgestellt, daß die für teilweise unbemannten Betrieb nötigen Maßnahmen nur im Zusammenhang mit "In Service Maintenance" und "-Repair" sehr hohe technische Verfügbarkeiten erreichen lassen. Unter diesen Umständen kann der Instandhaltungsaufwand jedoch nicht mehr direkt aus der Verfügbarkeit abgeleitet werden. Für die empirische Beurteilung der Wirtschaftlichkeit solcher Fertigungsmittel muß dann neben der Verfügbarkeit (die wie bisher ermittelt wird aus den technisch bedingten Stillstandszeiten) ein weiterer Kennwert erfaßt werden, der den Instandhaltungs-$\underline{\text{Zeitaufwand}}$ berücksichtigt und damit eine Kostenkontrolle ermöglicht. Folgende Zeitkenngrössen müssen unterschieden werden:

- Technisch bedingte Stillstandzeit T_{BS} (MDT = "mean down time"), bestehend aus der Instandsetzungszeit und der Wartezeit bis zur Instandsetzung,
- Instandhaltungszeit T_I (MTTM = "mean time to maintain" bzw. MTTR = "mean time to repair"), die Summe der Zeiten für die Maschinenreparatur und Fehlersuche, für die maschinenferne Instandsetzung und Vorbereitung von Tauschteilen, während der die Maschine bereits wieder in Betrieb ist, und für Wartungs- und Inspektionsarbeiten,
- Nutzungszeit $T_N = T_{BT}$ (MUT = "mean up time"),
- Zeit zwischen Instandsetzungen (MTBF = "mean time between failures").

Damit können die Beurteilungskriterien
- Technische Verfügbarkeit V_t

$$V_t = \frac{T_{BT} + T_{BS}}{T_{BT}} = \frac{MUT}{MUT + MDT} \qquad (6.15)$$

- Relativer Zeitaufwand für die Sicherung einer bestimmten Nutzlaufzeit

$$A_V = T_I / T_N = MTTR / MUT \qquad (6.16)$$

angegeben werden, wobei T_I als Maß für die Instandhaltungskosten gewertet wird.

6.2 Vorgehensweise zur Konstruktion hochzuverlässiger Maschinen

6.2.1 Ebene des Redundanzeinbaues

Wenn man die Werkzeugmaschinen in Ebenen ansteigender Komplexität einteilt, kann man erkennen, daß der Einbau der erforderlichen Redundanz in jeder Ebene möglich ist (Abb. 6.3).

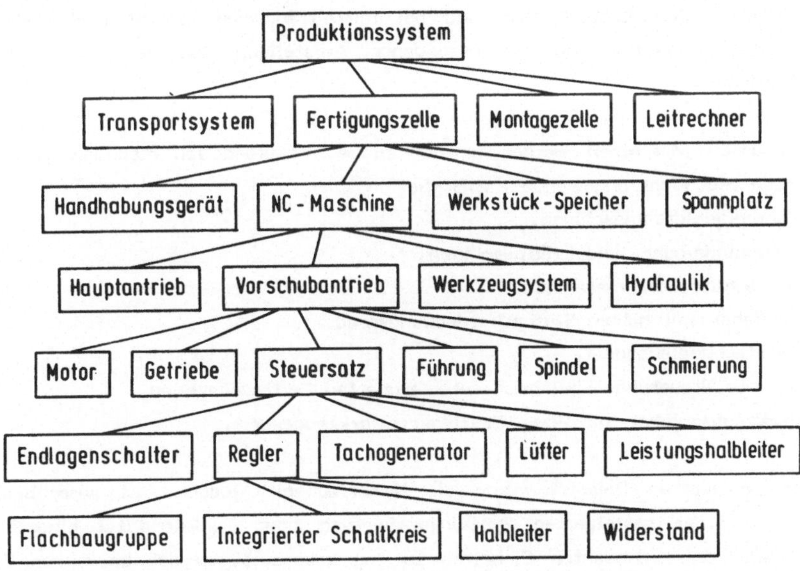

<u>Abb. 6.3</u> Baumstruktur der Funktionsebenen automatisierter Produktionssysteme

Aus den Gleichungen (A.8) (Abb. A.3) und (A.10) (Abb. A.4) ist erkennbar, daß der Gewinn an Zuverlässigkeit maximal ist, wenn bereits möglichst niederkomplexe Ebenen redundant ausgeführt werden. Dieses Prinzip ist aber sicher nicht durchweg anwendbar.

Die Verfügbarkeit von Fertigungsanlagen kann auch gesteigert werden, indem ganze Bearbeitungseinheiten redundant eingesetzt werden. Dazu muß die Fertigung überwiegend auf parallelen Ablauf (ersetzende Bearbeitung) ausgerichtet werden. Dies ist mit modernen flexiblen CNC-Maschinen und -Bearbeitungszentren gut durchführbar, da aufgrund ihrer Vielseitigkeit eine große Fertigungstiefe in den einzelnen Stationen möglich ist. Im Vergleich zu starr automatisierten seriellen Fertigungsstrukturen (Transferstraßen) haben sie den Vorteil größerer Gesamtverfügbarkeit, höherer Flexibilität gegenüber Änderungen des Teilespektrums usw. In /T2/ wird von einem nach diesen Gesichtspunkten aufgebauten Fertigungssystem berichtet.

CNC-Maschinen werden aber auch sehr häufig alleinstehend eingesetzt, z.B, in kleineren Werkstattbetrieben und bei mittelständischen Industrieunternehmen, wo der Fertigungsumfang die redundante Aufstellung von Werkzeugmaschinen nicht erlaubt.

In modernen Maschinen werden bereits einige, hauptsächlich mechanische Komponenten redundant angewendet, z.B. bei

Mehrspindeldrehmaschinen,

Mehrspindelbohr- und Fräsmaschinen,

Mehrschlittendrehmaschinen,

Getrieben mit hohem Stufenüberdeckungsgrad,

Mehrfachbedienpanels,

Mehrere Steuerungen bei hoch automatisierten Fertigungszellen,

Werkzeugspeicher mit Platz für Reservewerkzeuge usw.

Außer im letzten Beispiel wurde die "Mehrfachheit" jedoch fast ausschließlich im Sinne einer gesteigerten Produktionsleistung oder Funktionalität eingesetzt. Meist sind die redundanten Einheiten zu eng gekoppelt, so daß bei einem Teilausfall einer der Komponenten keine der anderen weiter genutzt werden kann (konstruktive Redundanz). Die Entwicklung zuverlässiger und hoch verfügbarer Werkzeugmaschinen muß demnach folgende Ziele haben:

a) Aufdeckung und Ausnutzung verdeckt vorhandener Redundanz derzeitiger Maschinenkonzepte,

b) Einsatz neuer Komponenten zur Erhöhung des Redundanzgrades,

c) Anwendung von Redundanz in niedrigen Komplexitätsebenen (Abb. 6.3),

d) Lösung der starren Kopplung redundant vorhandener Teilsysteme, um bei Defekten die Maschinen zumindest in einer Art Notbetrieb nutzen zu können.

6.2.2 Ansätze für Redundanzeinbau

Anhand einiger Beispiele seien im folgenden für die Funktions-Komplexe

Mechanik,

Sensoren,

Elektronik,

Steuerungshardware und

Steuerungssoftware

auftretende Fehlerarten, typische Fehler und Abhilfemöglichkeiten aufgeführt, um Ansatzpunkte der Verfügbarkeitssicherungsarbeit zu zeigen:

6.2.2.1 Mechanik

Fehlerart:

- Konstruktive Fehler,
- Folgefehler, hervorgerufen durch andere Ursachen.

Typische Fehler:

- Nichteinhalten von Bearbeitungstoleranzen durch thermische, statische und dynamische Nachgiebigkeit,
- zu großer Verschleiß.

Abhilfe:

Rechtzeitiges Erkennen verdeckter konstruktiver Fehler und, wo möglich, Kompensation der Auswirkungen. Solche Fehler sind beispielsweise einerseits Verformungen infolge begrenzter statischer und dynamischer Steifigkeit, Temperaturgang oder Verschleiß. Die Vorgehensweise kann darin bestehen, Verformungen bzw. Spiele im Betrieb zu messen, entsprechende Korrekturbewegungen zu erzeugen und darüberhinaus abnormes Verhalten infolge Bruch bzw. zu schnellem Verschleiß zu erkennen und anzuzeigen.

Zur Vermeidung von mechanischen Folgefehlern ist es notwendig, die Fehlerursachen zu erkennen und auszuschalten. Dazu muß einerseits die Funktion der Steuerungshard- und -software und der Sensoren sichergestellt, als auch eine Fehlbedienung oder -programmierung ausgeschlossen sein. Es können optische oder mechanische Sensoren zur Kontrolle der Rohteilkontur bzw. der Werkzeuglänge mit zusätzlicher grafischer Ausgabe angewandt werden. Die hierzu eingesetzten Sensoren sollten, ebenso wie die Steuerung, eigensicher aufgebaut sein.

6.2.2.2 <u>Sensoren</u>

Fehlerart:

- Totalausfall,

- zeitweiser Ausfall z.B. durch Wackelkontakte oder Übertemperatur,

- Genauigkeitsverlust oder Falschmeldung infolge von Bauteildrift, Dejustie-
rung oder äußeren Störeinflüssen.

Typische Fehler:

- Meldung von falschen Spannungen durch Tachogeneratoren,

- Ausfall bzw. Drift der Lagemeßglieder z.B. durch Verschmutzung,

- Verrutschen der Kupplungen von Drehmeldern,

- Ausfall von Positionsgebern.

Abhilfe:

Ausfälle von Sensoren können erkannt und Auswirkungen vermieden werden,
wenn die fraglichen Sensoren mehr als einfach redundant vorhanden sind.
Teilweise sind jedoch bereits Sensoren in NC-Maschinen vorhanden, deren
Signale zur Ausfallüberwachung genutzt werden könnten. So hängen beispielsweise beim Hauptantrieb die Signale für Drehzahlsollwert, Ankerspannung,
Ankerstrom, Tachogeneratorspannung, Getriebestufe, Spindellage, Spindeldrehzahl, Drehmoment des Motors, Spankraft und Bearbeitungsdurchmesser
- zumindest im stationären Zustand - nach relativ einfachen Gesetzmässig-
keiten zusammen. Diese sind im Steuerungsrechner einfach modellierbar und
die Realwerte können damit überprüft werden.

Der Ausfall irgendeiner Komponente des Hauptantriebes läßt sich so sehr
genau lokalisieren. Bei Maschinen mit festen Getriebestufen läßt sich durch
Vergleich der beiden Signale für Spindeldrehzahl bzw. Spindellage die Funktionsfähigkeit beider Aufnehmer sowie der Getriebeschaltung überprüfen, und
bei falscher Getriebestellung die Motordrehzahl soweit korrigieren, daß die
erforderliche Spindeldrehzahl erreicht wird.

Durch Einbau eines Sensors zur Erfassung der aktuellen Werkzeugabmessungen
lassen sich die eingegebenen Werkzeugkorrekturmaße und auch die Wegmeßsysteme überprüfen. Wenn auch die Referenz- und Nullstellungsmarken sowie die Positionsschalter zur gegenseitigen Kontrolle genutzt werden, lassen
sich Fehler entweder

-   dem Werkzeugwechselsystem bei nicht übereinstimmenden Werkzeug-
    maßen,

-   dem Wegmeßsystem,

-   der Referenzpunktauswertung,

-   den Endlagenschaltern

zuordnen und teilweise korrigieren, zumindest aber können entsprechende
Warnungen ausgegeben werden. Voraussetzung dafür ist ein Überwachungs-
modul, der die geometrischen Verhältnisse im Maschinenverfahrbereich ver-
walten kann (s. Kap 8). Auch eine Eigenüberwachung von Sensoren ist sinnvoll, beispielsweise durch Paritätsprüfkanäle bei den Codeaufnehmern für
die Werkzeugcodierung.

6.2.2.3 Elektronik

Fehlerart:

-   Totalausfall,
-   sporadischer Ausfall von Bauteilen bzw. Baugruppen,
-   Veränderung der ursprünglichen Eigenschaften,
-   Drift digital und analog arbeitender Baugruppen.

Typische Fehler:

-   Ausfall von Netzteilen,
-   Drift in den Analogteilen der Stellverstärker infolge Alterung oder Tempe-
    ratur,
-   Alterung von Optokopplern für digitale Ein- und Ausgangssignale.

Abhilfe:

Solche Fehler können angegegangen werden, indem man die jeweiligen Baugruppen mehrfach einbaut und aufgrund der Redundanz eine höhere Gesamtzuverlässigkeit erreicht, beispielsweise durch Reservenetzteile, die bei Bedarf umgeschaltet werden können, oder durch redundanten Aufbau des Ana-
logteiles von Vorschubantriebsverstärkern.

Jedoch kann auch bei diesen Fehlern der Aufwand zur Lösung mancher Probleme niedrig gehalten werden durch zusätzliche Überwachung bereits vorhandener Signale und Funktionen der Maschinen durch die Steuerung nach entsprechenden Gesichtspunkten. Hier sei gedacht an eine dynamische Schlepp-

fehlerüberwachung bei den Vorschubantrieben, im Gegensatz zur derzeit üblichen Grenzwertabschaltung bei zu großem Schleppabstand. Bei sinnvoller Auswertung des digitalen Schleppabstandssignales können Abweichungen vom normalen Verhältnis zwischen Verfahrgeschwindigkeit, gewonnen aus Lagesollwerten bzw. Lageistwerten oder der Tachospannung, und dem zugehörigen Schleppabstand ermittelt und korrigiert werden, wodurch z.B. eine Änderung der Regelkreisparameter der Stellverstärker ausgeglichen oder der Ausfall eines Leistungshalbleiters erkannt und vorübergehend kompensiert werden kann.

6.2.2.4 Steuerungshardware

Fehlerart:
- Totalausfall oder
- Zeitweiser Ausfall (transiente Störungen) von Bauteilen, Baugruppen oder Gesamtsteuerung infolge Temperaturschwankungen, elektromagnetischen Störungen, Kontaktschwierigkeiten o.ä.,
- Fehlmeldungen oder Drift der Übertragungsraten infolge Frequenzänderung der Oszillatoren durch Temperatur- bzw. Spannungsänderung oder Alterung.

Typische Fehler:
- Ausfall einzelner Speicherzellen,
- Datenfehler durch Kontaktschwierigkeiten und veränderte Timingverhältnisse,
- Ausfall von einzelnen Gattern oder integrierten Schaltungen,
- Teil- oder Totalausfall einzelner Steuerungsfunktionen,
- Datenverfälschung durch elektromagnetische und elektrische Störungen.

Abhilfe:
Möglichkeiten zur Lösung solcher Probleme ergeben sich z.B. durch Einbau von Redundanz
- in der Datenebene (Error-correction-code-(ECC)-Controller, Cyclic-redundancy-check (CRC), Paritätscontroller) und entsprechend höhere Datenbreite,
- in der Bauteilebene (Reservebausteine auf den Speicherplatinen mit Adreßsteuerwerk, Reservegatter, Reserveleistungshalbleiter mit Steuerwerk),
- in der Baugruppenebene (Reserveprozessorkarten, Reserve wichtiger Funktionskarten, Netzteil),

- in der Logikebene (redundant abgelegte Funktionsprogrammteile oder Steuertasks in verschiedenen physikalischen Speicherbereichen).

Als Beispiel für Fehlersicherung bei logischer Redundanz sei an ein System gedacht, in dem weitgehend der gesamte interne Datenverkehr durch Redundanzkontrollen auf Fehler überprüft wird. Möglichkeiten bestehen hierzu, wo immer Umrechnungen oder Transformationen an verschiedenen Stellen im Programmablauf möglich sind. In diesen Fällen kann durch Rücktransformation an bestimmten Stellen und Vergleich mit den Ausgangsdaten der Programmablauf an diesen Stellen verifiziert werden. Man denke beispielsweise an die zur Kreisinterpolation notwendige Umrechnung der Programmparameter in Radius und Kreismittelpunkt, die Äquidistantenberechnung, die Dualität der Daten von Steigungswinkel und Endpunkt bei der Geradeninterpolation und die Wegeverrechnung in Absolut- und Inkrementalmaßdarstellung.

Bei Erkennen eines Fehlers kann durch Rückverfolgen des Rechenganges der Fehlerort gefunden und ein erneuter Durchlauf in einem anderen Speicherbereich oder in einem anderen Prozessor initiiert werden.

6.2.2.5 <u>Steuerungssoftware</u>

Fehlerart:
- Konstruktive Fehler, die häufig sehr schwer zu finden sind, weil komplexe Softwarepakete meist nicht verifiziert werden können. Die Zahl der möglichen Verzweigungen ist so groß, daß nicht alle Programmpfade durchgetestet werden können.

Abhilfe:
Zur Vermeidung solcher Probleme können in die Software Plausibilitäts- und Vollständigkeitskontrollen sowie entsprechende Redundanzen eingebaut werden. Plausibilitätskontrollen können in einer Kennzeichnung der verschiedenen Informationen bestehen und zugehörig einer Zuordnung der Kennzeichen zu den jeweiligen Softwarebausteinen (logische Plausibilität) oder aus einer Zuweisung eines bestimmten Adressraumes zu einer Task (Adreßplausibilität). Neuere Prozessorbausteine, zB. INTEL 80286 oder Motorola 68000, eignen sich sehr gut für die Implementierung der entsprechenden Programm- bzw. Betriebssysteme, da sie Speicherbereiche vor unberechtigten Zugriffen schützen

und durch austauschbare Registerbänke schnell zwischen den verschiedenen Speicherbereichen umherspringen können ("context-switching").

Eine Plausibilitätsprüfung errechneter Werte läßt sich anhand parallel oder zeitversetzt durchgeführter schneller und ungenauerer Überschlagsrechnungen, beispielsweise einer dynamischen Arbeitsfeldbegrenzung, durchführen. Auch eine Plausibilitätskontrolle der Programmlaufzeiten ist denkbar. Die auf solche Weise erkannten Fehler können in einer Steuerung mit entsprechend redundantem Aufbau dazu führen, daß die verursachenden Rechengänge in alternativ verwendbaren, möglichst unterschiedlich (diversitär) aufgebauten Softwareroutinen wiederholt werden /E3/, /F1/, /F2/, /I2/.

Aus den Beispielen wird deutlich, daß auch bei derzeitigen Maschinen durch relativ geringfügige und preiswerte Änderungen der nutzbare Redundanzgrad deutlich erhöht werden kann. Bemerkenswert ist, daß nahezu alle Maßnahmen den Steuerungsumfang ausweiten und von den Steuerungen teils völlig neue Leistungsmerkmale erfordern.

6.3 Reparatur während des Betriebes

Der zweite Ansatzpunkt, die Verfügbarkeit durch Instandsetzung ohne Betriebsunterbrechung zu erhöhen, ist nur unter bestimmten Voraussetzungen relevant. Solange Instandsetzung durch Personal erfolgt, ist dessen Sicherheit das wichtigste Hindernis. Gefährdung besteht bei Werkzeugmaschinen speziell im Bearbeitungsbereich, in Bewegungsbereichen von Transport- und Handhabungsgeräten, in der Umgebung von rotierenden Wellen, an druckbeaufschlagten Hydraulik- und Pneumatikbaugruppen sowie an spannungführenden Teilen. Beim derzeit üblichen Aufbau von Werkzeugmaschinen muß vor Instandsetzungen daher nicht nur die Bearbeitung unterbrochen, sondern die Maschine auch noch spannungsfrei geschaltet werden.

Um Instandsetzung während des Betriebes durchführen zu können, muß die Gefährdung für den Menschen durch besondere Maßnahmen (Abschalten von Teilsystemen, Verriegelungen, Personenschutzschalter usw.) ausgeschlossen werden, oder die Maßnahmen müssen durch Handhabungsgeräte durchgeführt werden (Modultausch, automatische Instandsetzung, Werkzeugtausch im Speicher).

Eine weitere Schwierigkeit bei elektrischen Schaltbaugruppen ist, daß bei jedem Modultausch unter Spannung Kurzschlüsse verursacht werden können, und daß mit dem gängigen Aufbau von Steuerungen bei einem Defekt oder Fehler eines Bausteines sowohl der hardwaremäßige Betrieb durch Fehlanpassung, nicht abgeschlossene Leitungen, nicht durchgeschleifte "daisy chain"- Verbindungen usw., als auch die Software durch Lesen oder Schreiben auf nicht vorhandenen Adressen, andauernd anliegende Unterbrechungs- oder Speicher-direkt-zugriffs- (DMA-) Anforderungen usw. ausser Tritt kommt.

Die Steuerungen werden im Zuge der Entwicklung immer stärker zum Knotenpunkt, aber auch zum Engpaß, da hier sämtliche Informationsflüsse zusammenlaufen und Entscheidungen getroffen werden. Der Umfang der Steueraufgaben und damit der Steuerungen selbst wird erheblich zunehmen, was auch auf die Anlaufzeit nach einer Betriebsunterbrechung durchschlägt. Da die Werkzeugmaschinen immer stärker in einen Verbund von Maschinen, Handhabungsgeräten und miteinander kommunizierenden Steuerungen eingebunden sind, müssen die einzelnen Geräte (Maschinen und Handhabungsgeräte) auch bei Teilausfall noch zuverlässige Meldungen an die koordinierende Fertigungssteuerung abgeben, damit diese den Fertigungsablauf an den jeweiligen Funktionszustand anpassen kann. Aus diesen Gründen ist es dringend erforderlich, Steuerungen für unterbrechungsfreien Betrieb zu entwickeln.

6.4 Hochverfügbare Steuer- und Regelkonzepte

6.4.1 Redundanzarten

Steuerungen für möglichst unterbrechungsfreien Betrieb müssen in Hardware und Software einige deutliche Unterschiede zu bekannten Konzepten aufweisen. Dies ergibt sich aus den Forderungen nach Kartentausch ohne Betriebsunterbrechung und nach erhöhtem Redundanzgrad.

Redundanz kann in grundsätzlich unterschiedlichen Formen eingeführt werden, z.B. als

- Redundanz im Datenformat bei der Berechnung, Speicherung und Übertragung von Daten durch Hinzufügen von zusätzlichen Bits oder Datenworten (z.B. mittels Error-correction-code- (ECC-) Controllern bei paralleler und mittels Cyclic-redundancy-check (CRC) bei serieller Datenübertragung).

- Redundanz durch Mehrfachausführung von Datenermittlung und -übertragung und Vergleich der jeweiligen Ergebnisse.
- Redundanz beim Datenaustausch durch erweiterte Quittierung (Handshaking).
- Redundanz des Ortes der Funktionsdurchführung, z.B. Speicherung in mehreren Adreßbereichen, Berechnung in mehreren Funktionskarten (Prozessoren), Übertragung über verschiedene Wege (Netzwerk, Buskonzepte).
- Bausteinredundanz bei Speichern, Prozessoren oder Ein-Ausgängen und zugehörige Umsteuerwerke (z.B. bipolare PROMs).
- Redundante Funktionsberechnung mit reduzierter Genauigkeit, dafür aber höherer Geschwindigkeit (Überschlagsberechnung, Ermittlung von Grenzwerten).
- Redundanz auf der Ebene ganzer Baugruppen (Prozessorkarten).
- Zeitliche Redundanz gegen Auswirkungen von transienten Fehlern.

Da Redundanzgrade höher als 2 nur beim Ausfall eines Bausteines nötig sind, ist ein zeitlich variabler Redundanzgrad ein Weg, den Aufwand in Grenzen zu halten. Beispiel: Eine Task wird erst dann installiert und gestartet, wenn ein Fehler in einer der beiden ursprünglichen aufgetaucht ist.

6.4.2 Softwarefehler

Beim Bau redundanter Systeme müssen Konstruktionsfehler bei der Programmherstellung besonders beachtet werden. Infolge der steigenden Komplexität von Benutzerprogrammen, Programmierhilfen (Compiler usw.), Betriebssystemen und Prozessorbausteinen ist eine vollständige Verifikation meist nicht mehr möglich, obwohl bereits leistungsfähige Unterstützung zur Herstellung fehlerfreier und gut dokumentierter Software geboten wird /F3/, /L3/, /P3/, /S1/.

Trotz der höheren Herstellkosten ist der Aufbau in möglichst vollständig diversitärer Hard- und Software bei sehr komplexen und unüberschaubaren Systemen mit hohen Zuverlässigkeitsansprüchen unter Umständen nötig. Dadurch können "Common-Mode"-Fehler wirkungsvoll entdeckt und toleriert werden. Außerdem läßt sich der Testaufwand für die Verifikation erheblich einschränken /E2/, /I1/.

6.4.3 Steuerungshardware

Die Hardware hoch zuverlässiger und verfügbarer Steuerungen wird eine modulare Mehrrechnerstruktur besitzen müssen. In /F1/ wird eine Mehrrechnerstruktur beschrieben, in deren Pflichtenheft bereits sehr viele der oben aufgestellten Anforderungen aufgenommen sind, insbesondere auch die galvanische Trennung der Datenübertragung durch optische, serielle "Write-only"-Busse, wodurch fehlschlußfreier Modultausch im Betrieb hardwaremäßig möglich ist. Zu ihrer Realisierung werden jedoch noch entsprechende Betriebssysteme, /S5/ und Übersetzer- und Bindeprogramme benötigt, die z.B. die Code-Datentrennung auch für Mehrrechnersysteme ohne Benutzereingiff durchführen. Anstatt des in /F1/ beschriebenen Aufbaus mit stationär verteilten Tasks ist insbesondere bei Tasks grossen Umfangs, jedoch geringer Nutzungshäufigkeit und Geschwindigkeitsanforderung ein Aufbau mit dynamisch zuladbaren Tasks aus Massenspeichern ins Auge zu fassen, da ansonsten der Hardwareumfang sehr groß wird.

6.4.4 Betriebssysteme und Programmiersprachen

Da nach /T1/ die Leistungsfähigkeit des Menschen bei der Programmerstellung nur bei ca. 1000-2000 Maschinenbefehlen pro Mannjahr liegt und an anderer Stelle ermittelt wurde, daß die Leistung in Programmzeilen je Mannjahr grössenordnungsmässig unabhängig von der Programmsprache ist, ist die Nutzung höherer Programmiersprachen, z.B. Pearl, C, Modula 2, Prolog, Prozess-FORTRAN, Pascal usw., allein aus diesem Grunde unumgänglich. Daneben ergibt sich auch hinsichtlich der erreichbaren Programmzuverlässigkeit ein deutlicher Vorteil durch den Sprachen innewohnende Redundanzen, Laufzeitüberprüfungen und Fehlerausgänge.

6.5 Zuverlässigkeit der Vergleicher und Umschalter

In Kap. 5 wurde die ausreichende Zuverlässigkeit der Funktionen "Vergleichen" ("Votieren") und "Umschalten" als gegeben vorausgesetzt. Die Zulässigkeit dieser Annahme ergibt sich aus der Betrachtung des Aufbaus dieser Funktionen in, nach Fehlertoleranzgrundsätzen aufgebauten, Steuerungskonzepten /F1/, /F2/, /M1/ (Abb. 6.4, Abb. 6.5).

Die Vergleichsfunktion beinhaltet den "write only"- Datenaustausch zwischen allen Prozessoren, die dieselbe Task bearbeiten. Da die Prozessoren asynchron arbeiten, muß jeder Prozessor mit dem Vergleich warten, bis seine Übergabespeicher mit aktuellen Werten beschrieben sind. Die Vergleichsroutine ist selbst bei Berücksichtigung des asynchronen Eintreffens und einer zulässigen Streuung der zu vergleichenden Werte einfach im Vergleich zu den Funktionstasks.

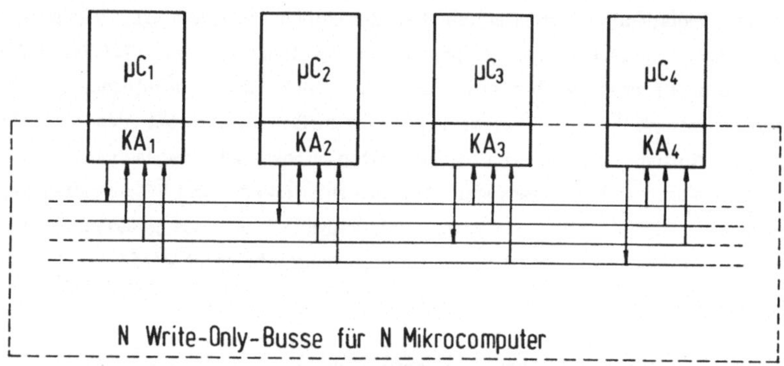

Abb. 6.4 Busstruktur eines fehlertoleranten Mehr-Rechner-Systems /F1/

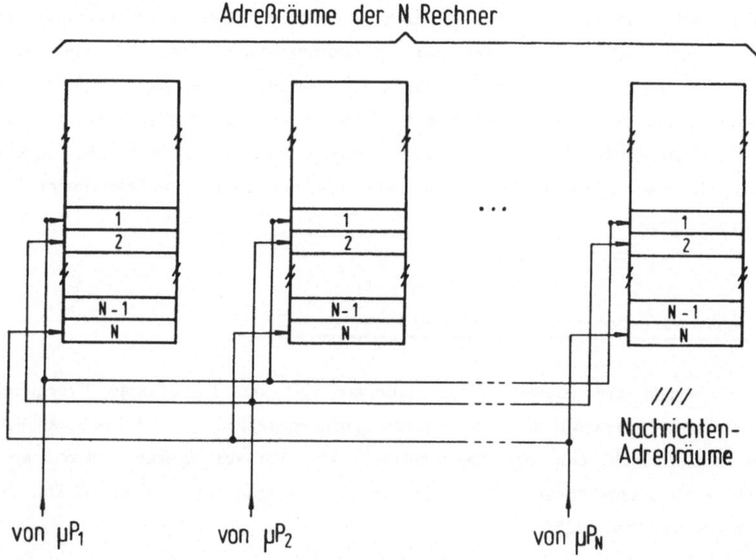

Abb. 6.5 Nachrichtentransport zwischen den Prozessoren eines Multi-Mikro-Rechner-Systems zum Vergleich der Ergebnisse /F1/

Eine ähnliche Betrachtung ist auch beim Umschalten zulässig, wobei hier aber zusätzlich Betriebssystemfunktionen aufgerufen werden müssen, um die durch den erkannten Teilausfall nötige Strukturänderung durchzuführen und systemweit bekanntzugeben.

Die Zuverlässigkeit dieser Funktionen hängt zum großen Teil von der Laufzeit und dem beanspruchten Speicherbereich ab, nachdem die sonstige Hardware dieselbe wie für die Steuerfunktionen ist. Die in Kap. 4 getroffene Aussage über die erheblich höhere Zuverlässigkeit der Funktionen "Vergleichen" und "Umschalten" besonders bei softwaremäßiger Lösung ist also korrekt.

7. Fehlertoleranter Steuerungsbaustein zur Vermeidung von Kollisionen

7.1 Ausfälle und Folgeschäden

Im Folgenden wird am Beispiel eines Kollisionsschutzsystems der Einsatz fehlertoleranten Verhaltens durch Redundanz in CNC-Maschinen beschrieben. Kollisionen im Arbeitsraum wurden aus folgenden Gründen als Ansatzpunkt für den Einsatz fehlertolerant aufgebauter Teilsysteme gewählt:

Meist entstehen erheblich größere Schäden, wenn eine Maschine infolge eines Fehlers nicht einfach stehenbleibt, sondern fehlerhaft weiterarbeitet, z.B.:
- mit nicht richtig gespanntem Werkstück oder Werkzeug,
- mit falscher Drehzahl oder Drehrichtung,
- ohne Schnittbewegung,
- mit falschen Bewegungen der Schlitten.

Bei Fehlfunktionen, die zu Ausschußproduktion bzw. Beschädigung einfacher Werkstücke oder Werkzeuge führen, ist die Schadenshöhe begrenzt. Wenn dagegen teure Werkstücke (Flugzeug- und Formenbau) oder die Maschinen selbst beschädigt werden, steigt der Schadensumfang schnell an, weil die Reparaturen sehr aufwendig und langwierig sind.

Zu sehr großen Schäden können falsche Schlittenbewegungen führen, wenn sie unzulässige Berührungen zwischen Maschinenteilen, Werkstücken und Werkzeugen, also Kollisionen, hervorrufen. Der Schaden für den Maschinenanwender entsteht aus den Instandsetzungskosten (Personal- + Ersatzteilkosten), den Ausschußkosten und den Einnahmeverlusten und Gewährleistungskosten infolge meist erheblicher Produktionsausfalldauern.

Eine Ermittlung entsprechender Daten in Industriebetrieben ist schwierig durchzuführen, weil häufig die Schadenursachen nicht erkennbar sind. Da eine Beobachtung von Maschinen in Betrieb zum Zweck der Feststellung von Kollisionen zu aufwendig ist, wurde Datenmaterial einer großen Versicherung gesichtet, das im Zeitraum von 1976 bis Mitte 1982 angelaufen war /H6/. In diesen Zeitraum fielen 65 Schadensregulierungen an NC-Maschinen (Abb. 7.1). Davon waren 49 auf Kollisionen zurückzuführen und 16 auf andere Ursachen wie Montagefehler, mangelnde Wartung, defekte Schaltbaugruppen usw.

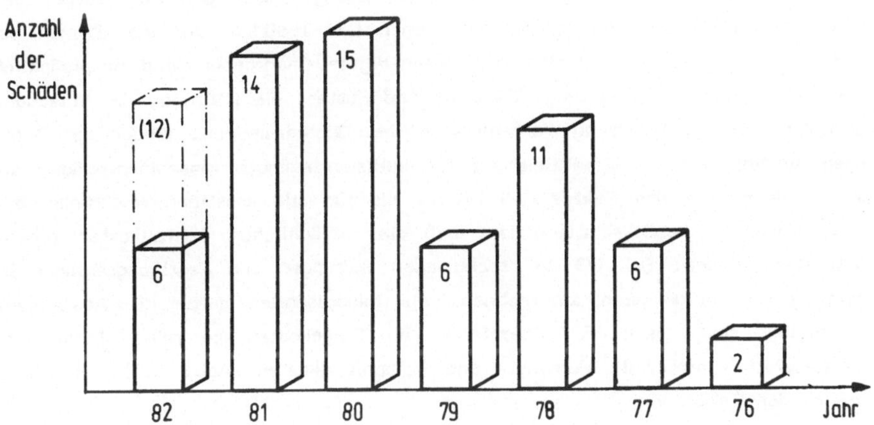

Abb. 7.1 Häufigkeitsverteilung von Schäden an NC-Maschinen, die durch eine Versicherung reguliert worden waren (für 1982 extrapoliert)

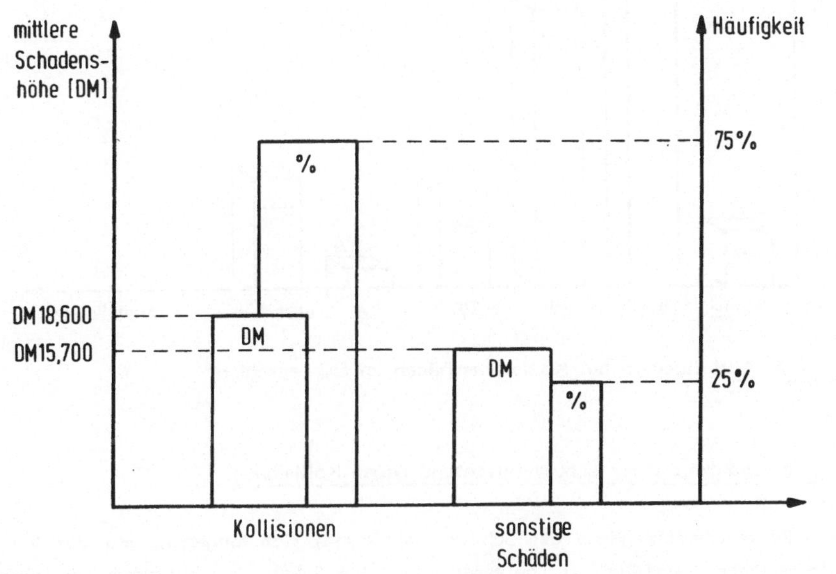

Abb. 7.2 Schadensregulierungssummen bei Schäden an NC-Maschinen

Die Schadenshöhe, für die durch die Versicherung Ersatz geleistet wurde, betrug im Mittel für Schäden mit Kollisionen DM 18600.-, für die übrigen nur DM 15700.-. Die durch Kollisionen beschädigten Baugruppen sind hauptsächlich die Hauptspindel mit Lagerung, Getriebe und Futter, die Führung, die Vorschubantriebe und das Werkzeug-Wechselsystem bei Drehmaschinen. Wegen der 3-fachen Anzahl war die Ersatzleistung für kollisionsbedingte Maschinenschäden also insgesamt um den Faktor 3,5 höher, als für alle sonstigen Maschinenschäden, wobei zu berücksichtigen ist, daß die tatsächlichen Ausfallkosten erheblich höher liegen. Bei 1/3 der technischen Störungen von Fertigungsanlagen ist nämlich mit Folgekosten zu rechnen, die hauptsächlich durch die Ausfalldauer bedingt sind. Nach /G1/ übersteigen die Folgekosten die reinen Instandsetzungskosten - Material, Personal- und Hilfsmittelkosten (Abb. 7.3) - im Mittel um den Faktor vier.

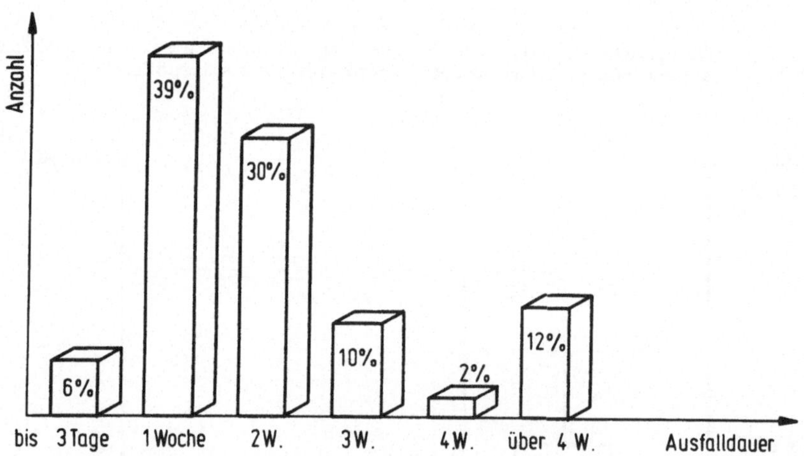

Abb. 7.3 Ausfalldauern bei Kollisionsschäden an NC-Maschinen

7.2 Notwendigkeit einer Schutzeinrichtung gegen Kollisionen

Allein die beachtliche Höhe der Schäden ist Grund, sich eingehend mit der Verhütung solcher "Ausfälle" zu befassen. Die Häufigkeit ist aufgrund der oben erwähnten Hintergründe schwierig zu ermitteln. Die verwendeten Daten haben nur eine beschränkte Allgemeingültigkeit, da der Versicherung nur ein Teil der aufgetretenen Schäden gemeldet wurde, und da sehr viele Kollisionen durch Bedien- bzw. Einrichtpersonal rechtzeitig verhindert werden, bevor grössere Schäden entstehen.

Folgende Merkmale moderner WZM erfordern die Entwicklung eines leistungsfähigen automatischen Kollisionsschutzes:

- Die Bewegungen von modernen NC-WZ-Maschinen können wegen der Sicherheitsvorrichtungen /F4/ und des verspritzten und verwirbelten Kühlmittels nur ungenau von den Bedienern verfolgt werden, insbesondere bei Innenbearbeitung.

- Durch die Verwendung leistungssteigender Zusatzeinrichtungen wie schwenkbare Spindelköpfe, Mehrfachspindeln und Schwenktische bei Fräsbearbeitung, Mehrspindel- und Mehrschlittenbearbeitung bei Drehmaschinen, Werkzeug- und Werkstück-Wechselsysteme sowie Handhabungs-Geräte verketteter Maschinen ist der Arbeitsraum stark zerklüftet und damit schwer überschaubar.

- Die Anzahl der gleichzeitig mechanisch bewegten Achsen und die Vorschub- bzw. Eilganggeschwindigkeit nehmen ständig zu /M6/. Die maximal verwirklichten Eilganggeschwindigkeiten liegen bereits über 20m/min /M5/.

- Bei Mehrmaschinenbedienung und erst recht bei automatisiertem Betrieb ist kein Bediener zugegen, der durch rechtzeitiges Eingreifen größere Schäden vermeiden könnte.

- Die Tätigkeitsmerkmale - körperliche und geistige (Fast-) Untätigkeit und gleichzeitig anhaltende hohe Aufmerksamkeit - widersprechen den physiologischen Eigenschaften des Menschen.

Darüberhinaus sind immer wieder Bestrebungen mit dem Ziel im Gange, den Haftungsumfang der Maschinenhersteller über die Produkthaftung hinaus auf eine Gefährdungshaftung nach amerikanischem Vorbild auszudehnen /B3/.

Diese Gründe führten dazu, daß einer Umfrage zufolge (/E6/) die Vermeidung des Kollisionsrisikos eine vordringliche Aufgabe ist.

7.3 Stand der Technik

Sowohl von Werkzeugmaschinenherstellern als auch von Forschungsstellen wurden Kollisionsschutz-Mechanismen entwickelt und zum Teil auch eingesetzt. Die bekannten Verfahren seien im folgenden anhand ihrer Leistungsfähigkeit verglichen. Kollisionsschutzeinrichtungen werden derzeit nach folgenden zwei Prinzipien aufgebaut:

- Begrenzung des Schadens durch Kollisionen,
- Umgehung der Kollisionsursachen.

7.3.1 Begrenzung der Schadenshöhe

7.3.1.1 Mechanische Lösung

Überlastungen bei Kollisionsschäden werden durch größere Kräfte hervorgerufen,
als sie im Bearbeitungsfall auftreten. Daher bauen mehrere Maschinenhersteller Kraft- bzw. Momentbegrenzungselemente in die Vorschubantriebe ein (/F4/,
/H1/, /oV5/), die als Rutsch- oder Rastkupplung ausgeführt den Kraftfluß im Vorschubantrieb bei Überschreiten eines Grenzmomentes bzw. einer Grenzkraft unterbrechen.

Vorteile:
- Bei geringem Aufwand - die Lastbegrenzer sind häufig nachrüstbar - ist ein
  Schutz der Maschine gegen Überlastungen durch unzulässige Schlittenbewegungen gewährleistet.
- Die Kollisionsursache braucht nicht beachtet zu werden.
- Je nach Ausführung ist eine Kollision auch bei Eilganggeschwindigkeiten von
  ca. 10m/min noch beherrschbar /H1/.
- Kein zusätzlicher Bedien- und Programmieraufwand.

Nachteile:
- Wie in /H1/ und /J1/ ermittelt, geht bei hohen Eilganggeschwindigkeiten
  vom Trägheitsmoment der Vorschubspindel und der Vorschubantriebs-Motoren
  die Hauptbelastung aus. Diese müssen also zur Kraftbegrenzung abgekoppelt
  werden, was eine aufwendige Aufhängungskonstruktion der Spindelmutter und
  zusätzlichen Aufwand für die aktive Verzögerung der Motoren und Spindeln
  bedingt.
- Die zulässigen Kräfte und Momente sind nicht in allen möglichen Kollisionssituationen gleich groß. Während die Lastbegrenzung bei flach am Spindelstock
  anliegendem Schlitten ausreichend wirkt, wird z.B. bei Kollision zwischen
  Werkzeug-Wechsler und Werkstück sowohl die Hauptspindel samt Futter und

Lagerung sowie auch das Werkzeug-Wechselsystem beschädigt sein, bevor die Lastbegrenzung anspricht. Grund ist der große zulässige Bereich der Verkehrslast bei unterschiedlichen Bearbeitungsfällen, und die Überdeckung mit der minimalen zulässigen Kollisionskraft.

- Unzulässige Berührungen zwischen Werkzeugen, Werkstücken und Maschinenteilen werden nicht verhindert (Abdrehen des Futters, Fräsen/Bohren im Aufspanntisch).

7.3.1.2 Steuerungstechnische Lösung

Kraftmeßsysteme im Zusammenhang mit der Werkzeug-Überwachung sind bekannt und erprobt. Ihre Nutzung zum Kollisionsschutz liegt nahe. Es haben sich 3 verschiedene Meßverfahren durchgesetzt.

a) Messung der Kräfte auf die Hauptspindel mittels Kraft-Meßlager /A1/, /L4/.

b) Messung der Spankräfte an Drehmeißeln bzw. Meißelhaltern /K4/.

c) Messung der Stromaufnahme an Haupt- oder Vorschubantriebsmotor /A1/.

Daneben sind noch andere Kraft- und Momentmeßverfahren bekannt geworden, etwa die Messung von Reaktionskräften auf Lager der Getriebewellen oder die Messung von Gestellkräften mittels Dehnmeßstreifen (DMS) /W3/.

Vorteile:
- Die feinere Auflösung der Meßwerte läßt eine genauere Unterscheidung zwischen Verkehrslast und Schadenslast und die Auswertung nach dynamischen Merkmalen - Anstieg, Frequenz, Sprünge - zu.
- Die Methoden sind zur Verschleiß- und Bruchüberwachung anwendbar.

Nachteile:
- Großer Meß- und Steueraufwand, Umfang der Sensorik.
- Kollisionen können nur erfaßt werden, wenn das Meßglied im Kraftfluß liegt.
- Ein Schaden wird nicht vermieden, sondern nur begrenzt.
- Der Ansprechdauer ist bei schnellen Maschinenbewegungen zu langsam.
- Es gelten eingeschränkt dieselben Grenzen hinsichtlich Überschneidung der Kräftebereiche, wie unter 7.3.1.2 erwähnt /E6/.

7.3.2 Vermeidung von Kollisionen

Bereits die Beschädigung von Werkzeugen und Werkstücken bringt Kosten und

Wartezeiten mit sich. Häufig haben Werkzeuge bzw. Werkstücke einen sehr hohen Wert, so daß eine Beschädigung unbedingt vermieden werden muß; man denke an Preßmatrizen für den Karosseriebau oder an große Integralbauteile für Luft- und Raumfahrzeuge, deren Wert den der Bearbeitungsmaschinen deutlich übersteigen kann. Um auch Schäden durch Kollisionen umgehen zu können, die durch Kraftbegrenzung nicht verhindert werden können, sind andere Ansätze zu machen.

7.3.3 Annäherungsschalter

Annäherungsschalter geben ein Signal ab, wenn ein erkennbares Hindernis in der Empfindlichkeitsrichtung nur mehr eine Mindeststrecke entfernt ist. Prinzipiell ist der Einsatz zum Kollisionsschutz denkbar /A1/.

Vorteile:
- Durch Signalabgabe vor Berührung kann rechtzeitig gebremst werden.
- Die Technologie von Näherungssachaltern und ausgeführte Geräte sind bekannt und verbreitet in Einsatz ("BERO").

Nachteile:
- Fast alle bekannten Annäherungsschalter sind richtungsempfindlich, so daß sie keinen Rundumschutz zulassen.
- Nicht richtungsempfindliche Systeme benötigen völlig elektrisch isolierten Aufbau der Komponenten.
- Optische und elektrische Annäherungsschalter setzen bestimmte optische bzw. elektrisch-magnetische Oberflächen- oder Materialeigenschaften voraus.

7.3.4 Kollisionsfreie Teileprogramme

Wenn die Maschinenbewegungen durch Teileprogramme hervorgerufen werden, besteht die Aufgabe, bei ihrer Herstellung auf Kollisionsfreiheit der Bewegungen zu achten. Es gibt hierbei für unterschiedliche Programmierverfahren verschiedene Vorgehensweisen:

7.3.4.1 Maschinelle Programmierung

Die Programmierung in höheren NC-Programmsprachen erfolgt meist auf relativ leistungsfähigen Rechenanlagen. Für solche Rechner wurden Programme entwickelt, die kollisionsfreie Wege generieren, wenn ihnen die Koordinaten bzw. Formen von Sperrbereichen und die Abmessungen der Werkzeuge richtig eingegeben werden. Die Programme sind entweder Teil einer höheren Programmiersprache /G3/, /S15/, oder Teil einer rechnerunterstützten Werkzeug-Planung innerhalb eines Systems zur automatischen Arbeitsplanerstellung für Drehbearbeitung /B2/.

Vorteile:

- Genaue Beschreibung der Konturen von Rohteil, Fertigteil und Hüllkonturen der Werkzeug-Bewegungen möglich.
- Selbständige rekursive Berechnung der minimalen Auskraglängen der Werkzeuge und damit Gewährleistung möglichst steifer Schnittbedingungen.
- Erleichterung der Programmierung durch automatische Ermittlung kollisionsfreier Wege. Damit auch kürzere Testzeiten neuer Teileprogramme an den Maschinen.

Nachteile:

- Die Kollisionsfreiheit der Bewegungen, die durch diese Teileprogramme erzeugt werden, ist nur sichergestellt, solange die Annahmen bei der Generierung der Teileprogramme den wirklichen Umständen bei der Bearbeitung entsprechen und die Maschine ordnungsgemäß funktioniert.
- Der Rechenaufwand dieser Überwachungsprogramme ist erheblich.
- Die Programme prüfen die Kollisionsverhältnisse nur in der Drehebene (X-Z) und nur mit dem eingeschwenkten Werkzeug. Bei sämtlichen Revolver-Werkzeug-Wechselsystemen geht jedoch eine erhebliche Kollisionsgefahr von den benachbarten Werkzeugen aus.
- Die rückwärtigen Konturen von Schlittenaufbau, Werkzeug-Wechsler und Reitstock werden nicht in die Kollisionskontrolle einbezogen.

7.3.4.2 Manuelle Programmierung an der Maschine

Die Programmierhilfen an den WZM-Steuerungen haben einen hohen Leistungsstand erreicht, sodaß die Maschinen bei einer werkstattähnlichen Fertigungsstruktur wirtschaftlich von Hand programmiert werden können. Da die Maschinensteuerungen jedoch vergleichsweise geringe Rechenkapazitäten haben, muß die Kollisionskontrolle durch den Programmierer bzw. beim Testlauf durch den Einrichter durchgeführt werden. Bei moderneren Steuerungen werden grafische Hilfsmittel eingesetzt, um dem Bediener die visiuelle Kontrolle der Bewegungsabläufe zu ermöglichen bzw. zu erleichtern. Das Verfahren, das in /S9/ und /Z2/ erläutert wird, besteht aus einem separaten Programmiersystem, das jedoch an die Maschinensteuerung gekoppelt bzw. fest eingebaut werden kann, und dann, synchronisiert zum Ablauf der Maschinenbewegungen, dasselbe Teileprogramm auf einem hochauflösenden Grafikbildschirm darstellt.

Vorteile:

- Die grafische Simulation ermöglicht die visuelle Kontrolle auch bei nicht einsehbaren Verhältnissen im Arbeitsraum.
- Sie kann ohne Maschinenbewegung off-line erfolgen zum Programmtest.
- Die Werkzeuge und Werkzeug-Halter werden relativ naturgetreu abgebildet.
- Es wird eine Kollisionsprüfung derart durchgeführt, daß keine Berührung zwischen Werkzeug und Werkstück im Eilgang erfolgen darf.

Nachteile:

- Das Verfahren ist nur funktionsfähig, wenn die simulierten Umstände nicht von den realen abweichen. Durch die begrenzte "Echtheit" der Simulation ergeben sich Grenzen der Wirksamkeit:
  1. Die Synchronisation der Bewegungen erfolgt jeweils beim Satzwechsel im Teileprogramm. Während der Abarbeitung der Programmsätze wird keine Abweichung der Maschinenbewegungen von den programmierten Bahnen erkannt.
  2. Die Simulation kann nicht nachprüfen, ob sich die richtigen Werkzeuge, Werkstücke und Spannmittel an den vorausgesetzten Stellen befinden.
  3. Beim Einrichtbetrieb ist keine Simulation möglich.

7.3.5 Automatische Rohteilerkennung

Kollisionen können durch Einspannen falscher Werkstücke oder durch Rohteile mit veränderten Abmessungen verursacht werden. Diese können vermieden werden, wenn die Rohteilkontur automatisch abgetastet und die Abmessungen abgespeichert werden. In /L7/ werden Sensoren angegeben, die zur Rohteilvermessung verwendet werden können. Das in /W4/ beschriebene Verfahren zur Rohteilvermessung wird für eine Anschnittsteuerung für das Umfangschleifen benutzt. Darauf aufbauend überwacht eine Logik das Anfahren der Schleifscheibe an das Werkstück. Ein eigenes Wegmeßsystem macht die Anordnung unabhängig von Fehlern des Maschinenmeßsystems. Ein in /S16/ beschriebenes Verfahren stellt einen Echtzeit-Kollisionsschutz dar, in dem ein derartiges System verwendet wird.

Vorteile:

- Die automatische Rohteilvermessung eliminiert Kollisionen durch falsche Bedienereingaben, Einspannung und Werkstück-Wahl.
- Es wird in /S16/ bereits ein redundanter Aufbau der Wegmeßsysteme vorgeschlagen.
- Der endliche Bremsweg der Schlitten wird bei den überwachten Positioniervorgängen berücksichtigt.

Nachteile:

- Es werden nur einfache Geometrien behandelt (Umfangs- und Planschleifen).
- Es wird nur die schneidende Kontur des Werkzeugs betrachtet.
- Aufgrund der Beschränkung auf das Umfangsschleifen werden etliche Vereinfachungen angenommen. Dadurch ist das Verfahren nicht einfach auf andere Bearbeitungsverfahren anwendbar.

7.3.6 Echtzeitkollisionsüberwachung

In der Literatur sind neben /S16/ zwei weitere Verfahren zur Kollisionsüberwachung in Echtzeit beschrieben:

In /P2/ wird eine Ablaufsteuerung für eine flexible Dreh-Fertigungszelle vorgestellt. Die Bewegungsräume für die Maschinenschlitten, das Handhabungs-Gerät sowie für Werkstücke während des Transports werden darin so gegeneinander verriegelt, daß eine ungewollte Berührung der bewegten Komponenten verhindert wird. Die zulässigen Bewegungsgrenzen werden zum Teil bei ineinandergreifenden Bewegungsräumen in Abhängigkeit von der Lage des Kollisionspartners dynamisch verschoben; die Kollisionsräume sind einfach definiert und mit Sicherheitsabständen versehen. Bewegungsabläufe innerhalb der Maschine werden nicht behandelt.

Eine weitere ausgeführte Kollisionsüberwachung für eine Zweischlitten-Drehmaschine wird in /oV2/ erläutert. Die Steuerung selbst überwacht die gegenseitige Lage der zwei Schlitten anhand einer Grenzkontur, die aus den stark vereinfacht dargestellten, in Eingriff befindlichen Werkzeugen ermittelt wird, und einer maschinenfesten Grenzkontur, gegeben durch Mindestabstände von Werkzeug-Revolver zur Spindelnase (Abb. 7.4).

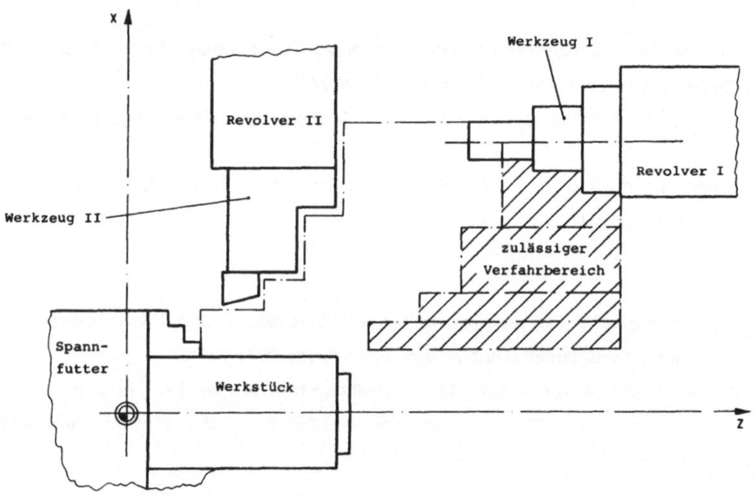

Abb. 7.4 Kollisionsgrenzkontur einer 4-Achsen-Drehmaschine /oV2/

Vorteile:
- Echtzeitüberwachung der Kollision in Eingriff befindlicher Werkzeuge.
- Echtzeitüberwachung der Kollision zwischen Werkzeug-Sternrevolver und der Spindelnase.

Nachteile:
- Vereinfachte Grenzkontur der Drehwerkzeuge, keine flächige Beschreibung.
- Nicht überwachte Konturen:
    Spannfutter,
    Werkstück,
    benachbarte Werkzeuge im Revolver,
    restlicher Bearbeitungsraum.
- Der Kollisionsschutz kann Steuerungsfehler nicht überwachen, weil er im Steuerungsprogramm integriert ist.

8. <u>Verbesserung des Schutzes gegen Kollisionen in Maschinen-Arbeitsräumen</u>

Die bekannten Ansätze von Kollisionsschutzeinrichtungen weisen starke Einschränkungen auf. Im folgenden wird das Konzept eines Kollisionsschutzes entwickelt,
der möglichst umfassend wirksam sein und die erkannten Mängel der beschriebenen Verfahren vermeiden soll. Bei dem dargestellten Konzept wurde Wert
auf allgemeine Anwendbarkeit, lückenlose Absicherung und kostenbewußten Aufbau gelegt.

8.1 <u>Kollisions - Ursachen</u>

Zur Bestimmung sinnvoller Ansatzpunkte für die Kollisionssicherung wurde eine
Fein-Analyse der Schäden an NC-Maschinen durchgeführt, die in Abschnitt 7.1
angeführt sind /H4/ (Abb. 7.1, Abb. 7.2, Abb. 7.3).

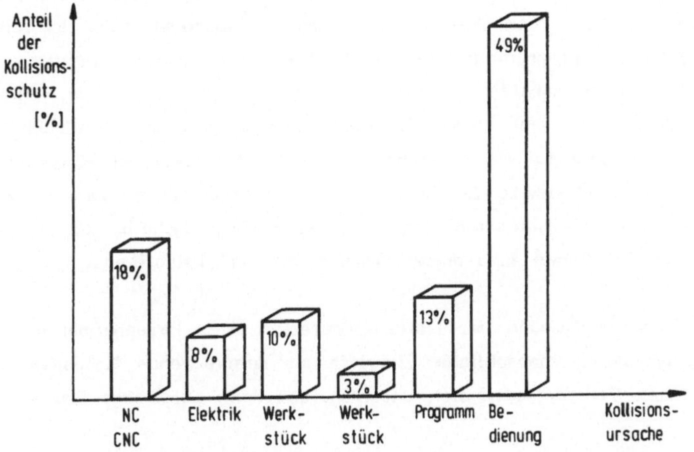

<u>Abb. 8.1</u> Ursachen für Kollisionen in Arbeitsräumen von NC-Maschinen

Von den erkennbaren Ursachen für die Kollisionen, deren Schadenshöhe im Mittel
bei DM 18 600.-- lag, entfielen (Abb. 8.1):

    18% auf die Steuerung (falsche Vorschübe, falsche Werkzeuge...),

    8% auf die Elektrik (Antriebe, Endlagenschalter, Lochstreifenleser),

49% auf Bedienungsfehler (Einrichtbetrieb, Eingabe von Korrekturwerten),

10% auf Einsetzen falscher Werkzeuge,

13% auf Teileprogramm-Fehler und nur

3% auf falsche Abmessungen der Rohteile bzw. des Halbzeugs.

8.2 Diskussion der Ergebnisse

Entsprechend dieser Verteilung ist die automatische Vermessung von Werkstücken kein effektiver Ansatzpunkt zur Kollisionsverhütung. Gleichwohl haben diese Entwicklungen in Hinblick auf die Automatisierung flexibler Produktionssysteme wegen der selbständigen Werkstückerkennung eine große Bedeutung.

Auch die durch fehlerhafte Programme auftretenden Kollisionen halten oberflächlich betrachtet keinen großen Anteil. Da fehlerhafte Teileprogramme jedoch nur beim Austesten zu Kollisionen führen können, liegt die Verantwortung für diese Fehler bei den Maschinenwerkern. Nach den Erfahrungen beim Betrieb von NC-Maschinen und den Betrachtungen bei Industriebetrieben ist die Zahl der fehlerhaften Teileprogramme trotz unterschiedlicher Programmierhilfen relativ groß /Z3/. Nur durch sorgfältige Vorgehensweise der Werker werden beim Austesten der Programme sehr viele Kollisionen vermieden, was natürlich erheblich Rüstzeit beansprucht. Wenn hierbei trotzdem noch 13% der Kollisionen geschehen, läßt sich einerseits der hohe Anteil fehlerhafter Programme und andererseits der grosse Zeitaufwand zum Testen ermessen. Deshalb muß ein System zum Schutz vor Kollisionen auch diesen Bereich mit berücksichtigen.

Nach einer Zusammenfassung der Kollisionskriterien nach Ursachenbereichen zeigen sich Fehler durch menschliche Eingriffe als dominierende Kollisionsursache. Die menschlichen Fehler lassen sich unterscheiden nach folgenden Gruppen (Abb. 8.2):

8% falsche Maßeingaben (Nullpunkt, Werkzeug-Kompensation ...),

10% Einsetzen falscher Werkzeuge in die Magazinplätze,

13% Teileprogrammfehler,

21% Fehler beim Einrichten (falsches Verfahren, Werkzeug-Wechsel),

20% nicht eindeutig zuordenbare Bedienfehler.

Der zweitgrößte Anteil, zusammen 26%, wird durch Steuerungsausfälle hervorgerufen, also durch Fehler in Elektrik und Steuerungstechnik. Der Rest von 3%

wird durch Fehler im Zusammenhang mit den Werkstücken verursacht (Abb. 8.2).

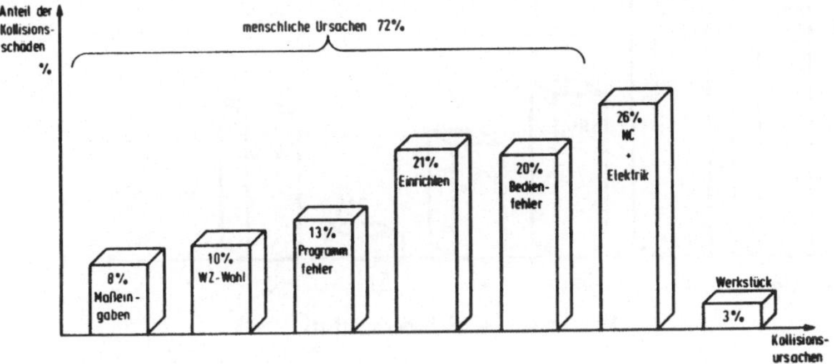

<u>Abb. 8.2</u> Ursachen von Kollisionen im Arbeitsraum von NC-Maschinen, geord-
net nach den Ursachenbereichen
- Bediener, Einrichter, Programmierer (72%),
- Elektrik und Steuerungstechnik (26%),
- Falsche Abmessungen oder Stoffeigenschaften der Werkstücke (3%)

8.3 Einfluß des Werkers

Die durch Werker-Einfluß verursachten Kollisionen machen also insgesamt fast
3/4 der Unfälle aus, obwohl Maschinen- und Steuerungshersteller in die ergo-
nomische und bedienerfreundliche Gestaltung ihrer Produkte viel Aufwand in-
vestieren. Daraus muß der Schluß gezogen werden, daß die diesbezüglichen Be-
mühungen verstärkt und dabei auch völlig neue Konzepte überdacht werden müssen. Ansätze können sein:
- Vereinfachung der Bedienung, um die Fehlerrate beim Eintippen zu umgehen
  (Minimierung des Eingabeumfangs, Spracheingabe ...),
- Einsatz einer "Fertigungs-Hochsprache" mit leistungsfähigen Sprach-Macros,
- Grafische Geometriedarstellung zur Überprüfung der Eingaben /Z2/,
- Umfangreiche Unterstützung in der Einführungsphase neuer Maschinen.

Die Notwendigkeit des letzten Punktes wird klar, wenn das Alter der Maschinen
beim Schadenseintritt betrachtet wird (Abb. 8.3): Es zeigt sich ein hohes Kollisionsrisiko neuer Maschinen.

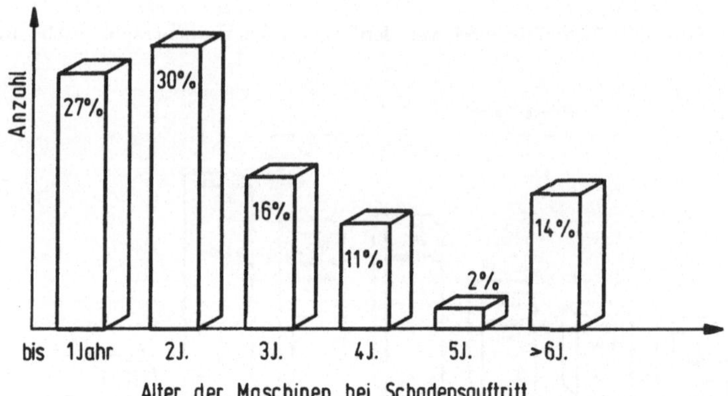

<u>Abb. 8.3</u> Alter der NC-Werkzeugmaschinen beim Auftreten von Kollisionen

Arbeiten über die ergonomischen Eigenheiten der Bedienung komplexer technischer Geräte und der entsprechenden menschlichen Fehlerraten (/B5/, /D2/,
/L5/, /R4/, /S17/, /S18/) geben Hinweise, mit welchen Mitteln die Zuverlässigkeit der Mensch-Maschine-Schnittstelle optimiert werden kann. Jedoch sind
auch bei Nutzung aller dargestellten Möglichkeiten menschliche Fehler nicht
100%-ig auszuschliessen.

8.4   <u>Ansprüche an einen umfassenderen Kollisionsschutz für Drehmaschinen</u>

Mit dem nachfolgend aufgestellten Konzept wird versucht, eine möglichst grosse
Sicherheit gegen Kollisionen im Arbeitsraum von Drehmaschinen zu erhalten.
Nachdem man davon ausgehen muß, daß es eine völlige Fehlerfreiheit der Komponenten von numerisch gesteuerten Werkzeugmaschinen einschließlich der damit arbeitenden Menschen nicht geben wird, soll dies durch eine spezifische
Erhöhung des Redundanzgrades in der numerischen Steuerung erreicht werden.
Bei der <u>Bedienung</u> und <u>Programmierung</u> von NC-Maschinen erfolgt die Geome-
trie-"Verarbeitung" durch den Bediener bzw. Einrichter und Programmierer, während des <u>Automatik</u>-Betriebes dagegen durch die Steuerung selbst. Deshalb muß
der Kollisionsschutzbaustein die Geometrieüberwachung in einem zusätzlichen
Funktionsbaustein parallel (= redundant) zur menschlichen <u>und</u> zur steuerungs-
technisch gelösten Geometrieverarbeitung durchführen.

8.4.1 <u>Aufgabenkatalog</u>

Bei der Herstellung eines möglichst lückenlos wirksamen geometrischen Kollisionsschutzes sind gegenüber den bekannten Ansätzen folgende Forderungen zu erfüllen:

1. Der Kollsionschutz muß in <u>allen</u> Betriebsarten wirksam sein, insbesondere auch beim "Referenzpunktfahren" und beim "Einrichten", wo noch keine Lagemeßwerte bzw. programmierten Informationen über Werkzeug- und Werkstück-Abmessungen in der Maschinensteuerung vorliegen.

2. Fehleingaben bzw. Fehlfunktionen können sowohl von Bedienern (Einrichter), als auch von Teileprogramm, Steuerung, Elektronik, Elektrik und Sensorik ausgehen. Demzufolge sind Prüfungen an verschiedenen physikalischen oder logischen Komponenten einzubauen. Insbesondere ist eine <u>Echtzeitüberprüfung</u> bezüglich Kollisionsgefahr durchzuführen mit möglichst naher Kopplung an die wirklichen Maschinenbewegungen und hoher Abtastrate, da die Bewegungen mit hohen Beschleunigungen und Geschwindigkeiten ablaufen können.

3. Es ist die <u>gesamte</u> Geometrie des Arbeitsraumes zu überwachen. Dazu gehören sämtliche Außenbegrenzungen (Verkleidungen), Inneneinbauten (Setzstöcke, Reitstock, Leuchten, Leitungen), Spannmittel (Futter mit aktueller Spannbackenform und -Lage), der komplette Schlittenaufbau mit Werkzeug-Wechsler, Antrieb und Verkleidungen, alle Werkzeuge und das Werkstück.

4. Der Kollisionsschutz muß <u>immer</u> aktiv sein und darf nicht umgangen werden können, da dann durch Bedieneraktionen Kollisionen entstehen können. Dies setzt insbesondere voraus, daß die Geometrie ausreichend genau abgebildet wird, denn zu ungenaue, angenähert beschriebene Konturen /oV2/ zwingen den Bediener, den automatischen Kollisionsschutz auszuschalten. Da dies typischerweise bei beengten, schlecht einsehbaren Bearbeitungsverhältnissen auftritt, z.B. bei Innenbearbeitung mit zusätzlichen Kollisionsmöglichkeiten durch benachbarte Werkzeuge, besteht gerade dann ein hohes Kollisionsrisiko.

5. Die Maßeingaben für Werkzeuge und Werkstücke durch den Einrichter sind durch Sensoren zu verifizieren bzw. auf Plausibilität zu überprüfen (Redundanzerhöhung).

6. Der Eingabedialog mit dem Einrichter bzw. Bediener muß so gestaltet wer-

Eingaben durch den Werker selbst mittels grafischer Wiedergabe.

7. Der Hardware-Aufbau ist so zu konzipieren, daß der Kollisionsschutz-Baustein Steuerungsfunktionsfehler erkennen kann und nicht durch Steuerungsausfälle wirkungslos wird. Das bedeutet, daß der Baustein hard- und softwaremäßig autark sein muß. Um die Funktionsfähigkeit der Steuerung bezüglich der Generierung von Bewegungssätzen überwachen zu können, muß der Zugriff auf alle Steuerungs- und Maschinendaten gegeben sein.

8. Zu den Kollisionen werden auch Schadensfälle gezählt, die durch fehlerhafte Bearbeitungssituationen entstehen:
   - "Bearbeiten" ohne Schnittbewegung (Spindeldrehzahlüberwachung),
   - "Bearbeiten" mit falscher Drehrichtung,
   - "Bearbeiten" nicht mit der Hauptschneide,
   - Bearbeiten mit zu großer Schnittiefe,

   D.h., daß zu den geometrischen auch technologische Gesichtspunkte berücksichtigt werden müssen.

9. Kollisionsmöglichkeiten infolge Verknüpfung der Maschinen, z.B. mit Handhabungsgeräten usw. müssen erfasst werden.

10. Der Aufgabenumfang für den Kollisionsschutzbaustein ist so komplex, daß er nur durch leistungfähige Mikrorechnermodule mit Echtzeitfähigkeiten übernommen werden kann. Diese sind in Hard- und Softwareaufbau den Ansprüchen nach hoher Zuverlässigkeit und Verfügbarkeit entsprechend zu konstruieren bzw. auszuwählen. Dabei sind die Leistungsfähigkeiten der zukünftigen Mikro-Prozessor-Generationen in Betracht zu ziehen.

8.4.2 Informationsaufbereitung für das Kollisionsschutzsystem

Der Informationsbedarf eines Kollisionsschutzsystems ist erheblich, wie im letzten Abschnitt erläutert wurde. Aus Gründen der Wirtschaftlichkeit und Sicherheit der Programmierung ist der Eingabeumfang für den Werker auf das nötigste zu beschränken und trotzdem soweit möglich mit Redundanz auszustatten. Dies geschieht durch Vorinformation des Bausteines mit geometrischen Grunddaten, die den Hauptumfang des Informationsbedarfes ausmachen. In einem späteren Entwicklungsstand können eine Reihe der Eingabedaten durch Sensoren ermittelt die den Hauptumfang des Informationsbedarfes ausmachen. In einem späteren Entwicklungsstand können eine Reihe der Eingabedaten durch Sensoren ermittelt werden. Die Vorarbeiten bestehen in der Aufnahme der geometrischen Grunddaten und ihrer Bereitstellung für die Kollisionsschutzprogramme. Dies sind:

1. Die unveränderliche Maschinengeometrie, also äußere Begrenzung des Bearbeitungsraumes, Abmessungen und Lage der Spindelnase, maximale Drehdurchmesser über Bett und über Schlitten, Lage der Schlittenbegrenzungen zum Lagemeßpunkt, Grundmaße für Reitstock und Setzstöcke, Form und Extremlagen der Reitstockpinole, Grundmaße des Schlittenaufbaues und Werkzeug-Wechselsystems, sonstige kollisionsgefährdete Einbauten in- und ausserhalb des Bearbeitungsraums, z.B. Leitungsführungen, Leuchten usw.

2. Von der Maschinenaustattung abhängige Geometrien; darunter sind die verschiedenen Werkstück-Spannmittel, Werkzeug-Revolver oder sonstige Werkzeug-Aufnahmen, Reitstockspitzen, Setzstöcke usw. zu verstehen.

3. Die Geometrien der Auswechselteile können nur vorbereitet abgelegt werden. Der aktuelle Aufruf muß durch Bediener bzw. Einrichter erfolgen. Während für die Spannfutter nur jeweils einige wenige verschiedenartige Spannbacken vermessen und gespeichert werden müssen, ist die Maß- und Formvielfalt der Werkzeughalter groß, so daß die Erfassung aller Möglichkeiten aufwendig ist. Jedoch ergibt sich eine erste Beschränkung durch das eingesetzte Werkzeugsystem, z.B. "Zylinderschaft" oder "Prisma".

4. Die Geometrien der Werkzeuge, bei denen eine sehr große Maß- und Formvielfalt besteht. Zusätzlich muß auch die aktuelle Einspannlage im Werkzeughalter angegeben werden. Auch technologische Angaben, wie die zulässige Schnittrichtung, die maximale Schnittiefe und die Eignung für Außen- bzw. Innen- und Schrupp- bzw. Schlicht-Bearbeitung sind zu berücksichtigen. In späteren Entwicklungsstadien ist in Hinblick auf vollautomatische Schnittaufteilung und Technologieüberwachung eine Verfeinerung der technologischen Daten zu erwarten. Der Datenumfang macht, selbst bei Beschränkung der Maschinen- und Werkzeugausrüstung, periphere Massenspeicher - Floppy-Disk, Magnet-Kassette, Bubble-Speicher und Winchester-Platten - in Zukunft unumgänglich.

8.4.3 Programme

Die Funktionen der Kollisionsschutzbausteine müssen zum Teil zeitlich unabhängig voneinander laufen und sind sehr unterschiedlichen Erfordernissen hinsichtlich Rechenumfang und Antwortzeiten unterworfen. Es ist eine Aufteilung der Aufgaben so durchzuführen, daß die echtzeitgekoppelten Tasks die zu fordernden Abtastraten erreichen können. Die Aufgabenkomplexe und damit die Programmteile sind:

1. Kommunikation mit dem Bediener hinsichtlich der Eingabe der Rohteil-Abmessungen, des Aufrufes von Werkzeugen und Haltern, die Zuordnung der Werkzeuge zu Speicherplätzen, sowie die Eingabe neuer Werkzeug- und Halterkonturen. Auch die aktuelle Einspannlage der Werkzeuge in den Haltern muß eingegeben werden. Redundanzen in der Eingabe ergeben sich z.B. durch den Vergleich der aktuellen Einspannlage mit dem zugeordneten Werkzeugkorrekturwert, der in der Steuerung bzw. im Programm festgelegt ist, oder durch Überprüfung der Zuordnung zwischen Werkzeug und Halter.

2. Geometriebaustein zur Herstellung der den Bearbeitungssituationen entsprechenden Gesamtgeometrien, also der Stellung des Werkzeug-Wechselsystems und aller Werkzeuge, der aktuellen Werkstückkontur, der aktuellen Form und Lage der Spannbacken, des Reitstocks mit Pinole und Spitze, sowie evtl. der Lünetten.

Nach Abfrage der aktuellen Lageistwerte müssen die Positionen der beweglichen Geometriedaten zueinander richtig angeordnet werden. Einige Kollisionsgrenzen liegen nicht in der Bearbeitungsebene, beispielsweise zwischen Werkstück und Schlitten bzw. benachbarten Werkzeugen im Revolver oder zwischen Revolver und Reitstock. Diese müssen teilweise in die Betrachtungsebene geschwenkt werden. Dadurch entstehen in Abhängigkeit von der Schlittenlage in sich veränderliche Grenzkonturen. Folglich müssen die geometrischen Grunddateien auch variable Geometrieanteile enthalten, wodurch der Datenverarbeitungsumfang stark anwächst.

3. Plotbaustein zur grafischen Darstellung der programmierten und aus Dateien zusammengebauten Konturen. Diese sollen auch die bezüglich der augenblicklichen Lage aktualisierten Positionen der gesamten Geometrie der Kollisionspartner zueinander darstellen und somit eine Verfolgung des Bearbeitungs-

vorgangs ermöglichen. Während der Eingabephase ist der Hauptzweck jedoch die visuelle Kontrolle der Richtigkeit der Eingaben. Dazu gehört auch ein Konvertierungsprogramm, das die Geometriedaten in das vom grafischen Ausgabegerät verlangte Kommunikations-Protokoll und Datenformat zusammenfügt und umsetzt.

4. Kommunikation mit der Steuerung. Aus der Steuerung müssen folgende Signale übernommen werden:
   - Status der Steuerung,
   - aktuelle Betriebsart,
   - aktuelle Bewegungsrichtung, Geschwindigkeit und Interpolationsart,
   - Lageistwert und Referenzmarkensignale,
   - aktuelle Stellung des WZ-Revolvers,
   - im Automatik-Betrieb die nächsten Programmsätze, damit der Geometriebaustein und der Kollisionsbaustein vorausrechnen können.

In Gegenrichtung müssen der Maschinensteuerung auch Stellgrößen übergeben werden, nämlich:
   - Einlesestop für neue Programmsätze,
   - Vorschubfreigabe,
   - Geschwindigkeitssignal,
   - Lagesollwert und Interpolationsparameter.

Da der Datenaustausch unter Echzeitanforderungen abläuft und gleichzeitig den steuerungsinternen Datenverkehr nicht beeinträchtigen darf, müssen schnelle Protokolle angewandt werden.

5. Kollisionsberechnung. Dieser Baustein hat in Echtzeit sämtliche vom Geometriebaustein gelieferten Konturelemente nach drohenden Kollisionen abzusuchen. Er muß dabei auch achsspezifisch die geschwindigkeitsproportionalen Bremswege berücksichtigen, um schon rechtzeitig vor Eintritt einer Kollision den Bremsvorgang einleiten zu können. Da dieser Programmteil bei stark verzahnten Eingriffsverhältnissen auch bei hoher Rechnerleistungsfähigkeit Zeitprobleme haben kann, muß er von sich aus die Verfahrgeschwindigkeit verringern können. Die Kollisionsberechnung ist zeitkritisch, da Geometrieverarbeitung in Echtzeit mit hoher Abtastrate durchzuführen ist (Gängige Geometrieverarbeitungsprogramme (z.B. CAD) sind sogar auf Großrechnern bzw. Superminirechnern für den Kollisiosschutz zu langsam).

eines Vergleichs die programmierten Sollbahnen mit den wirklich gefahrenen Istbahnen. Einige Steuerungen beinhalten bereits eine Bahnüberwachung. Sie stützen sich jedoch nur auf das Maschinen-Lagemeßsystem und haben somit die gleiche Datenbasis wie die Steuerung. Fehler im Wegmeßsystem können von diesen also nicht erkannt werden. Der vorgesehene Baustein muß im Gegensatz dazu auch Meßsystemfehler entdecken und evtl. sogar tolerieren können. Zu diesem Zweck muß aber der Redundanzgrad der Lagemessung erhöht werden.

7. Minimierung des Eingabeumfanges. Die ausführliche Geometriebeschreibung des Kollisionsraumes und die Einbeziehung technologischer Grundlagen ermöglichen den Einbau weiterer Programmier- und Bedienungserleichterungen und damit eine Erhöhung der Programmierzuverlässigkeit und einen Ausgleich für den durch den Kollisionsschutz angewachsenen Eingabeumfang. Dazu gehört:

- Selbstständige Ermittlung kollisionsfreier Wege, insbesondere bei nicht überschaubaren Konstellationen (z.B. Innenbearbeitung).
- Selbstständige Ermittlung der nächstliegenden kollisionssicheren Werkzeugwechselposition.
- Selbstständige Schnittaufteilung und Werkzeugauswahl; dies ist erst im Zusammenhang mit Sensoren für die automatische Geometrieerfassung möglich und reduziert dann den Eingabeumfang auf die Beschreibung der Fertigteilkontur.
- Automatische Signalverarbeitung von Sensoren.

8.4.4 Hardware

8.4.4.1 Rechenbausteine

Die vorgeschlagenen Programme können auf den Rechenbausteinen derzeit erhältlicher Steuerungen aus mehreren Gründen nicht implementiert werden. Deshalb müssen neue, entsprechend leistungsfähige Rechnerarten eingesetzt werden. Der gesamte Funktionsumfang ist dabei nur durch mehrere parallel arbeitende Prozessoren zu bewältigen. Die Prozessoren müssen aber auch schon aus Gründen des schnellen Datenaustauschs mit der Steuerung mehrprozessorsystemfähig sein. Ein weiterer wünschenswerter Vorteil des Mehrprozessorkonzepts ist die mögliche Steigerung des Redundanzgrades innerhalb der Steuerung.

Anforderungen:

- Schneller Buszugriff,
- Großer Speicherausbau,
- Schnittstelle zu einem Massenspeicher,
- Schnelle Arithmetik,
- Standardschnittstellen für Benutzerterminal und Grafikausgabe.

8.4.4.2 Sensoren

Zunächst zur Verifikation der Bedienereingaben (Redundanz), später jedoch auch zur selbstständigen Erfassung der für den Kollisionsschutz notwendigen Geometrie- und Technologieinformationen sind Sensoren notwendig, nämlich für:

- Erfassung der wirklichen Position des Werkzeug-Wechslers bzw. Revolvers.
- Messung der Spindeldrehzahl und Drehrichtung für die Überwachung und Einhaltung technologischer Grundvoraussetzungen.
- Redundantes Lagemeßsystem, absolut messend, dafür mit geringerer Auflösung, zur Erkennung von Ausfällen des Maschinen-Meßsystems.
- Automatische Rohteilerkennung und Vermessung, auch räumlicher Konturen. Es sind verschiedene Meßprinzipien denkbar. Optische Sensoren mit flächiger Abtastung z.B. Videokamera, CCD-Array, oder mit Linienbetrachtung z.B. Zeilenkamera, Diodenzeile oder Systeme nach dem Prinzip der direkten Konturverfolgung sind für die Abtastung von Außenkonturen geeignet. Bei Linientastsystemen ist die erforderliche einachsige Bewegung möglichst von der Schlittenbewegung zu trennen, da ansonsten bereits beim Meßzyklus Kollisionen drohen. Dann jedoch ist ein eigener Antrieb und Lagesensor nötig. Die Vermessung von Innenkonturen ist noch nicht einsetzbar. Es gibt in dieser Hinsicht Vorschläge für Meßprinzipien, z.B. Ultraschall oder mechanische Taster, doch sind auch andere physikalische Effekte auf ihre Anwendbarkeit zu untersuchen /L7/.

9. Entwicklung eines Kollisionsschutzsystems

9.1 Konzeption

Von den Möglichkeiten

- Kollisionsschutz durch einen externen Prozessrechner,
- Kollisionsschutz durch eine leistungsfähige Anpaßsteuerung,
- In die Maschinensteuerung integrierter Kollisionsschutz,

kann nur die letzte die gestellten Ansprüche erfüllen. Im Sinne einer Redundanzerhöhung muß der Kollisionsschutz-Baustein zwar die Steuerungsfunktionen genau verfolgen können; von Steuerungsfehlern ist er jedoch nur dann unabhängig, wenn er autark arbeitet (Abb. 9.1).

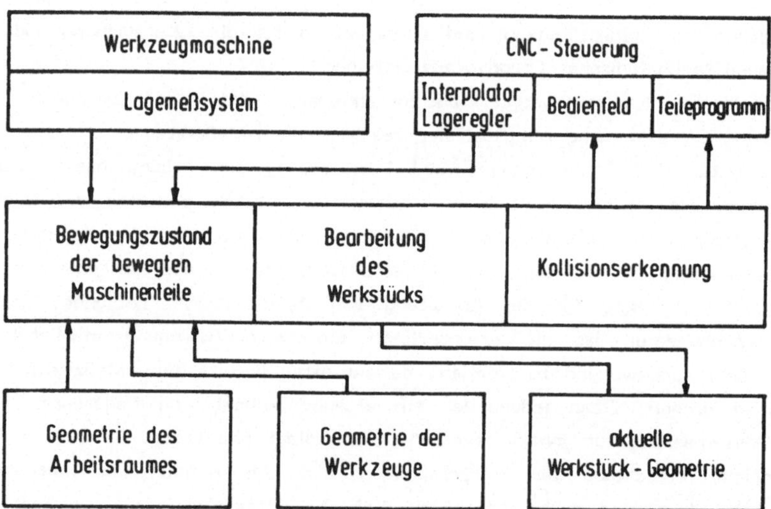

Abb. 9.1 Struktur eines in die Maschinensteuerung integrierten Kollisionsschutzsystems

Wegen ihres modularen Aufbaukonzepts sind speziell MPST-Steuerungen zur Integration autarker Zusatz-Funktionsbausteine geeignet, wobei auch der intensive Datenaustausch mit den CNC-Funktionen möglich ist.

Abb. 9.2 Arbeitsraum und Werkzeugrevolver der CNC-Drehmaschine MD 5S (Gildemeister - Max Müller)

Abb. 9.3 EPM-1 Steuerung des CNC-Simulators mit Rechnerkarte 8085 und Anschluß an das Mikroprozessor-Entwicklungssystem

Deshalb wurde ein Kollisionsschutzsystem für eine CNC-Drehmaschine "MD 5 S" (Gildemeister - Max Müller) mit 12-fach Trommelrevolver und hydraulisch betätigtem Reitstock und 3-Backenfutter entwickelt (Abb. 9.2), die mit einer Steuerung nach den MPST-Richtlinien (EPM I) ausgerüstet ist.

Die Daten für den Kollisionsschutzbaustein wurden zwar anhand dieser Maschine erfaßt, jedoch wurden alle bisher erstellten Teile des gesamten Vorhabens so aufgebaut, daß die Übertragbarkeit auf andere Drehmaschinen und -Ausrüstungsvarianten möglichst benutzerfreundlich vonstatten gehen kann.

Ein CNC-Simulator mit einer weitgehend baugleichen Steuerung wird während der Programmentwicklung für Funktionstests genutzt (Abb. 9.3).

9.2 Datentechnische Beschreibung der Maschinenkonfiguration

9.2.1 Maschinenfeste Konturteile

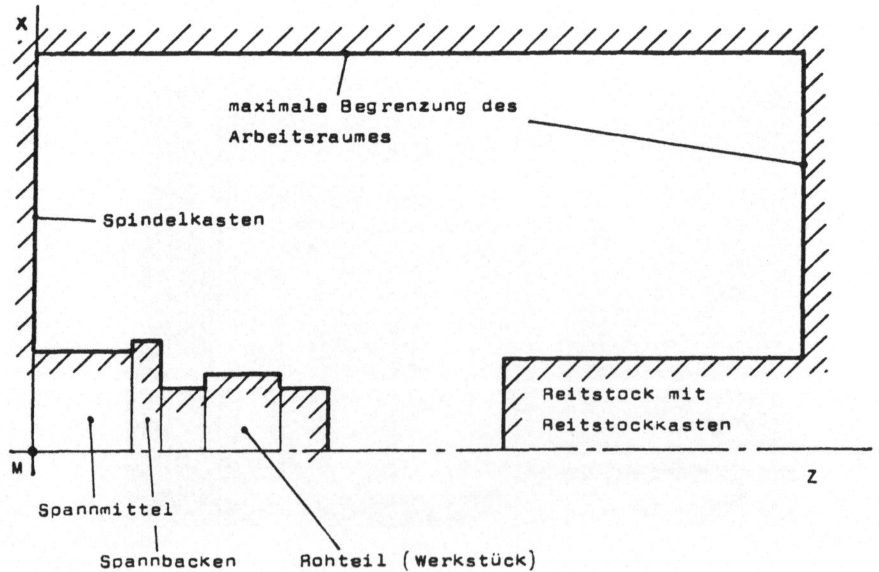

Abb. 9.4 Arbeitsraumbegrenzung durch Maschine und Werkstück

Mittels des Programms "SRAUM" /J2/ wird das Datenfile für die Arbeitsraumbegrenzung als verkettete Punkteliste erstellt. Es werden folgende Konturen
berücksichtigt (Abb. 9.4):

- Unveränderliche Begrenzungen, also vordere, hintere und obere Begrenzungs-
  linien durch Verkleidungen und Spindelstock. Diese Konturteile sind bereits
  im Programm fest abgelegt.

- Ausrüstungsvariante Konturen von Reitstock, Zentrierspitze, Spannfutter und
  Spannbacken. Die für diesen Maschinentyp zulässigen Ausrüstungsmöglichkeiten
  sind in einer Datei zur Auswahl bereitgestellt.

- Durch Spannbewegungen verschiebbare Grenzkonturen von Spannbacken, Reitstock und Spitze müssen in ihrer aktuellen Lage bestimmt werden.

- Veränderliche Konturen des Werkstückes, wobei in "SRAUM" nur die Rohteilkontur einzugeben ist.

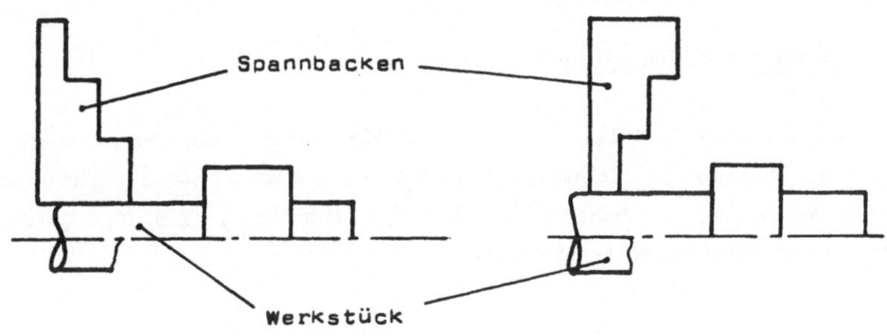

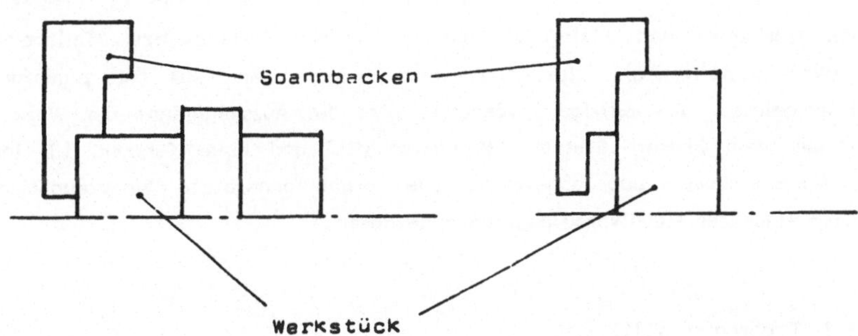

Abb. 9.5 Konfiguration der Werkstückspannung mit harten Stufenbacken

Das Programm fragt nach den Konturpunkten des Rohteils bzw. den Typenbezeichnungen der Spannmittel. Die Punkte werden jeweils zu geschlossenen Kon-
turzügen verbunden, wobei die Konturen für Futter, Spannbacken und Zentrierspitze nach den einzugebenden Typenbezeichnungen aus der Datei ausgesucht
und an den entsprechenden Anknüpfungspunkten eingefügt werden. Die Spannbacken werden beispielsweise an den Spanndurchmesser der Werkstücke angelegt
(Abb. 9.5), wobei die Lage der Backen und die Spannstufe von Stufenbacken,
ebenso wie die wirkliche Ausspannlänge des Rohteils im Dialog einzugeben sind.

Die Rohteilkonturen enthalten häufig Rundungen. Da Kreisbögen in der Geometrieverarbeitung jedoch sehr langer Rechenzeiten bedürfen, werden sie im Programm "SRAUM" polygonisiert nach Maßgabe einer maximal zulässigen Abweichung zwischen idealem Kreis und angenähertem Polygonzug.

9.2.2 Bewegliche Kollisionskontur

In den Programmen WZK1, WZK2 und WZK3 werden alle zur Erstellung der
beweglichen Konturen - Schlitten mit Werkzeug-Wechselsystem, Revolver und
Werkzeug-Bestückung - benötigten Elemente abgefragt, zusammengefügt und
für die weitere Behandlung bereitgestellt.

9.2.2.1 Programm WZK1

In WZK1 werden die 12 Plätze des Revolvers mit Werkzeugen für Innen- bzw.
Aussenbearbeitung belegt. Dazu fragt das Programm nicht die Einzelabmessun-
gen der Werkzeuge und -Halter ab, sondern nur die Katalog- bzw. Teilebezeichnung (Werksnumerierung). Die Abmessungen werden dann aus der zugeordneten
Datei ausgelesen. Als einzige Maßangabe wird die Ausspannlänge der Werkzeugspitze aus dem Halter (System "Zylinderschaft") und eine Kennung für Innen-
bzw. Aussendrehwerkzeug abgefragt. Die zusammengesetzte Werkzeug-Geome-
trie wird einer der Revolveraufnahmen zugewiesen.

9.2.2.2 Programm WZK2

Das Programm WZK2 ist relativ aufwendig, da es die Werkzeug-Träger-Konturen für alle 12 möglichen Positionen ermitteln muß. Bei einem Revolver-Speicher müssen alle <u>nicht</u> in Eingriff befindlichen Werkzeuge in die Kollisionsberechnung einbezogen werden. Bei trommel-, stern- und kronenförmiger Anordnung der Werkzeuge ist eine räumliche Betrachtung der Kollisionsverhältnisse erforderlich, da die Berührebenen (tangentiale Ebenen an die Berührpunkte) an die Nachbarwerkzeuge beliebige Lagen annehmen können.

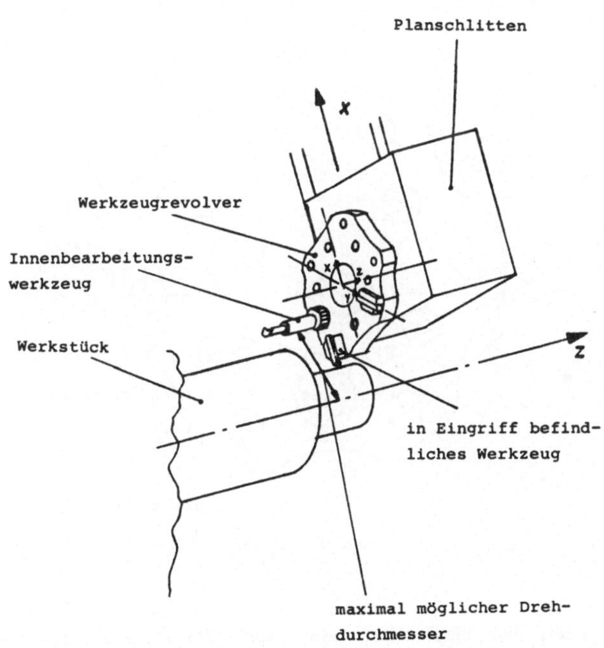

<u>Abb. 9.6</u> Konfiguration des Werkzeugrevolvers gegenüber dem Werkstück

Eine einfache Projektion der Werkzeug-Konturen auf die X-Z-Ebene, in der die Kollisionsberechnung für die anderen Konturelemente durchgeführt wird, bringt eine so große Verfälschung der Abstandsverhältnisse, daß eine Bearbeitung von wellenförmigen Teilen und mehr als 4 besetzten Werkzeug-Plätzen nicht möglich wäre. Eine räumliche Geometrieberechnung hätte andererseits jedoch um Größenordnungen mehr Rechenzeitbedarf.

Das Programm betrachtet die Kollisionsverhältnisse aller 12 Werkzeuge in den durch die jeweiligen Berührungspunkte und die Z-Achse aufgespannten Ebenen. Alle Berührebenen können für die Darstellung am grafischen Terminal in die X-Z-Ebene geklappt werden. Die bewegte Kollisionskontur kann also für jede mögliche Revolverstellung als in die X-Z-Ebene geklappte Gesamtkontur dargestellt werden, wobei jedoch die Form von der Lage des Schlittens in X-Achse (Plankoordinate) abhängt (Abb. 9.6, Abb. 9.7).

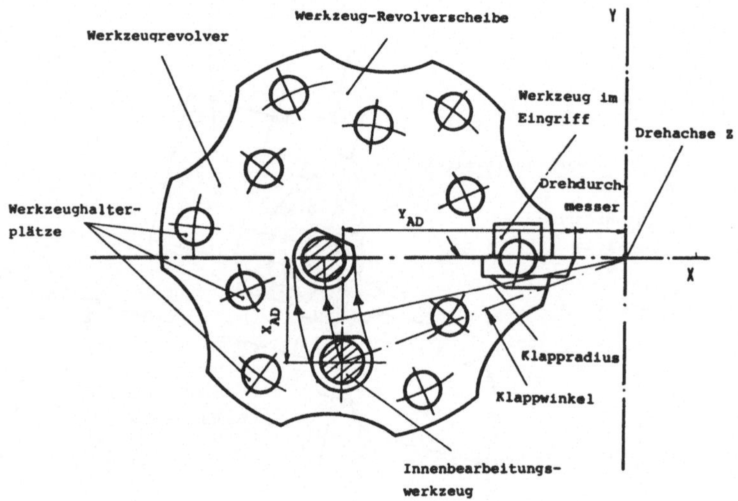

<u>Abb. 9.7</u> Klappen der Projektionsebene von Werkzeug 4 bei Revolverstellung "Werkzeug 1 in Bearbeitung" um die Drehachse Z abhängig vom Abstand Drehachse - Revolverbezugspunkt

Die entstehende Kontur hat meist erheblich weniger Punkte, als die Einzelkonturen der Projektionen aller 12 Werkzeuge, weil sie sich teilweise überdecken. Da die Konturform nicht konstant ist, muß die jeweils aktuelle Form als Funktion der aktuellen X-Koordinate in Echtzeit für die Kollisionsberechnung aktualisiert werden. Die Kontur muß also als parametrisierte Datei für jede der 12 Revolverstellungen gehalten werden.

9.2.2.3 Programm WZK3

Die Zusammenführung der Projektionen der einzelnen Werkzeuge und die Ermittlung der Projektionen selbst in Abhängigkeit von der X-Koordinate des Werkzeug-
-Träger-Bezugspunktes wird durch WZK 3 durchgeführt.

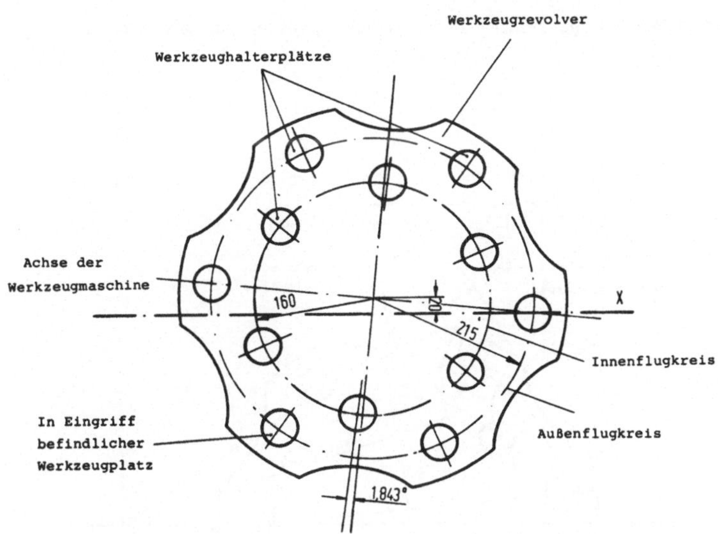

<u>Abb. 9.8</u> Lage des Revolverbezugspunktes gegenüber der X-Z-Ebene und Teil-
kreise und Teilwinkel der Werkzeughalter-Aufnahmen

Erschwerend wirkt hier der nicht symmetrische Aufbau der Revolverscheibe,
der für die Berechnung der Echtzeitkontur aus folgenden Gründen lange Rechenzeiten hervorruft:

1. Der Lagebezugspunkt (=Revolverdrehpunkt) liegt nicht in der X-Z-Ebene,
   sondern um 20mm darüber.

2. Die Werkzeug-Plätze liegen auf zwei verschieden großen Teilkreisen der Revolverscheibe mit den Radien 160 mm und 215 mm.

3. Die Schaltwinkel zwischen den benachbarten Werkzeug-Plätzen sind zwar
   immer 30 Grad, aber durch die obigen Eigenschaften ergeben sich aufwen-

dige trigonometrische Ausdrücke für die Klappwinkel der Projektionsebenen.

4. Keiner der Klappwinkel der 11 Werkzeugplätze ist gleich wegen der unsymmetrischen Werkzeugpositionen. Alle Klappwinkel sind dazu von der momentanen Plankoordinate X des Revolver-Bezugpunktes abhängig (Abb. 9.8).

a) Berechnung der Klappwinkel

Die Berechnung dieser Klappwinkel ist nötig, um die aktuellen Abstände der restlichen Werkzeuge relativ zum aktiven ermitteln zu können.

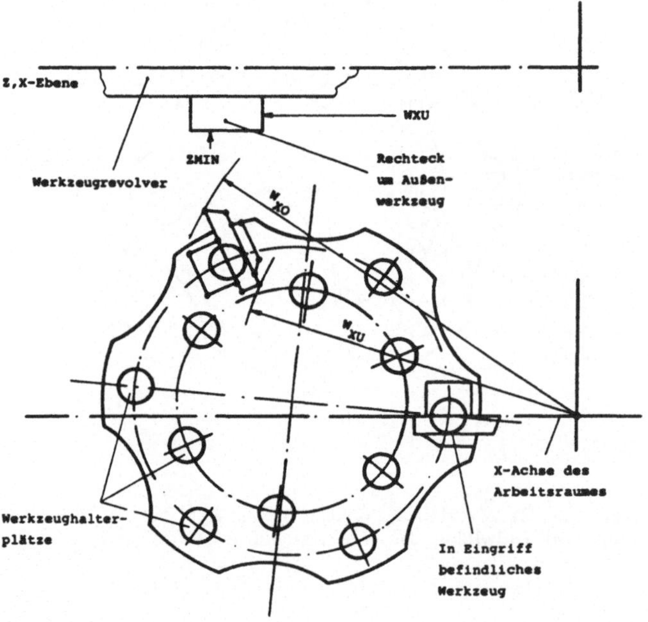

Abb. 9.9 Geklappte Kanten eines nicht rotationssysmmetrischen Werkzeugs samt Halter

b) Räumliche Betrachtung der Werkzeuge

Die Projektionen der Werkzeuge und ihre Projektionsebenen sind bis auf die des aktiven schiefwinklig. Nur die Konturen von rotationssymmetrischen Werkzeugen, z.B. Bohrern und Senkern, sind in jeder Lage gleich. Die meisten

Werkzeuge und -Halter sind jedoch nicht rotationssymmetrisch (Abb. 9.9). Die Werkzeuge sind gemeinsam mit den Haltern vermaßt in einer Datei abgelegt (s. 9.2.2.1). Die Beschreibung der rotationssymetrischen Werkzeuge und Halter entspricht der Projektion in die X-Z-Ebene. Alle anderen Werkzeuge werden dagegen durch die datenmäßige Beschreibung vergleichbar einer 2-Riß-Projektion in X-Z und X-Y-Ebene dreidimensional erfaßt. Die Kombination zu Komplett-Werkzeugen erfolgt dann nach Maßgabe des Abstandes Werkzeugspitze - Revolverbezugspunkt, der in der Maschine oder am Einstellplatz gemessen werden muß (s. 9.2.2.1).

c) Gesamtaufbau der beweglichen Kontur

Aus diesen Berechnungen erfolgt die Zusammenstellung der gesamten beweglichen Kontur. Von den 12 parametrisierten Listen der Werkzeug-Konfiguration wird jeweils die in die Kollisionsbetrachtung einbezogen, die der aktuellen Stellung des Revolvers entspricht. Diese Punktefolge wird dann mit den Konturen des Revolvers kombiniert, die fest im Programm abgelegt sind. Nach Maßgabe der Lage-Istwerte aus der Steuerung bzw. den Lagemeßsystemen wird die Gesamtkontur aktualisiert und an die entsprechende Stelle im Verfahrbereich positioniert (Koordinaten im Maschinenbezugssystem).

9.2.3 Darstellung der erzeugten Konturen

Die Datenfiles mit den Koordinaten der Konturpunkte, deren Anzahl bei realen Bearbeitungsproblemen erheblich ist, und den zusätzlichen Angaben, die zur Programmsteuerung benötigt werden, sind für eine Fehlerkontrolle durch den Programmierer an der Maschine völlig ungeeignet. Deshalb wurden die Programme PSRAUM und PLOT entwickelt, die anhand einer grafischen Darstellung der zusammengestellten Konturen auf einem hochauflösenden Speicherbildschirm eine visuelle Kontrolle der Eingaben ermöglichen. Sie erstellen aus den Dateien für unbewegliche und aktuelle bewegliche Konturen zwei Grafik-Files für eine maßstabsgetreue vektorgrafische Darstellung der Konturen auf einem Speicherbildschirm.

Wenn beide Grafik-Files mit demselben Maßstabsfaktor errechnet werden, können die beiden Konturen in einem Speicherbild zusammen dargestellt werden. Dadurch sind prinzipiell auch visuelle Kollisionskontrollen möglich, die zum Test der Kollisionsprogramme benötigt werden.

9.2.4 <u>Programme zur Kollisionsrechnung</u>

Die Rechnersimulation des Programms SAFEZ, das eine Berechnung von Kollisionspunkten zwischen einer geschlossenen Kontur und einer Punktemenge durchführt, zeigt die erwartete, für Echtzeitüberwachung zu geringe Rechengeschwindigkeit /W6/. Es wurde im Pflichtenheft jedoch bewußt das Zeitverhalten in den Hintergrund gestellt, und dafür Wert auf genaue Geometriebearbeitung und Berücksichtigung vor allem verzahnter Eingriffsverhältnisse gelegt. Das Programm berücksichtigt achsspezifische Bremswege und führt eine Reduktion der gegenseitig in Relation zu bringenden Punkte durch. Jedoch ist die Kollisionsprüfung noch nicht lückenlos, da die bewegte Kontur der Werkzeuge durch nicht verbundene Eck- und Zwischenpunkte angenähert wird.

Die Echtzeitüberwachung und die Kollisionspunkteberechnung stellt aufgrund eines Bewegungszustandes, der aus der Interpolationsart und der Bahngeschwindigkeit ermittelt wird, fest, wo der nächste Berührpunkt liegt. Rechtzeitig vor Erreichen dieses Punktes muß dann abgebremst werden. In diesem Programm wird der Schnittprozeß noch nicht berücksichtigt. Zu diesem Zweck muß die Werkzeug-Schneide gesondert behandelt werden. Sie darf innerhalb technologisch sinnvoller Grenzen ins Werkstück eintauchen. Die Werkstück-Kontur muß dabei in einem bestimmten Zeitraster aktualisiert werden.

9.3 <u>Ausblick</u>

Der Schutz vor Kollisionen ist besonders vordringlich für die verstärkt zum Einsatz gelangenden Mehrachsen-Drehmaschinen wegen ihrer deutlich schlechteren Übersichtlichkeit. Besondere Beachtung gebührt den numerisch gesteuerten Mehrspindel- Drehautomaten. Diese Maschinen stellen sehr hohe Ansprüche an die Arbeitsgeschwindigkeit; darüber hinaus sind bei ihnen die Kollisionsverhältnisse äusserst unübersichtlich. Ebenso, wie Fräs- und Bohrmaschinen, sind auch Industrieroboter einem hohen Kollisionsrisiko ausgesetzt. Bei diesen Maschinen ist eine räumliche Betrachtung der geometrischen Verhältnisse unumgänglich.

Unter Verwendung der hier aufgezeigten Prinzipien sollte jedoch auch bei komplexeren Maschinentypen die Entwicklung leistungsfähiger Kollisionsschutzsysteme möglich sein.

10. Zusammenfassung

Die Industrieländer suchen nach Wegen, die Herstellungskosten der Güter zu senken. Wegen des hohen Lohnniveaus sind die Personalkosten ein wichtiger Ansatzpunkt für Rationalisierungsmaßnahmen. Die vom Markt und durch andere Randbedingungen erzwungenen kurzen Produktlebensdauern und hohe Produktvielfalt stellen an die Flexibilität der Automatisierungssysteme hohe Anforderungen.

Aufgrund der enormen Leistungsfähigkeit moderner Mikro-Elektronik kann sowohl eine hohe Flexibilität, als auch ein hoher Automatisierungsgrad von Produktionsanlagen erreicht werden. Dadurch sollte der Produktionsablauf frei von Einschränkungen durch den Menschen - begrenzte Arbeitszeit, Bedienungsfehler usw. - gestaltet werden können; eine hohe zeitliche Nutzung der Fertigungsanlagen und eine gleichmässige Produktqualität wird erwartet.

Der hohe Aufwand an Automatisierungstechnik kann jedoch nur Vorteile bringen, wenn die theoretisch möglichen Betriebskostenvorteile nicht durch große Ausfallhäufigkeit und hohen Instandhaltungsaufwand zunichte gemacht werden. Durch die sehr hohe Anzahl der Bauteile und Komponenten sinkt die Gesamtzuverlässigkeit der Systeme trotz sehr hoher Bauteil-Zuverlässigkeiten stark ab. Zusätzliche Meß- und Regelbausteine haben die Zuverlässigkeit entgegen der ursprünglichen Erwartung teilweise verschlechtert. Eine weitere Steigerung der Bauteil--Zuverlässigkeiten ist nur mit erheblichem Aufwand erreichbar.

In dieser Arbeit wird mit den Methoden der Zuverlässigkeitsrechnung gezeigt, daß eine höhere Systemzuverlässigkeit durch eine einfache Redundanzerhöhung bei den Bausteinen der Automatisierungssysteme häufig nicht erreichbar ist. Zur Erhöhung der Systemzuverlässigkeit muß fehlertolerantes Verhalten vorausgesetzt werden. M-von-n-redundante Teilsysteme besitzen die geforderten Fehlertoleranz-Eigenschaften. Aufgrund der mindesten 3-fachen Bauteil-Anzahl entsteht ein überhöhter Instandhaltungsaufwand, der jedoch durch konsequente Nutzung der Redundanz-Eigenschaften kompensiert werden kann.

Im Gegensatz zu dauernd instandgehaltenen Fertigungs-Anlagen, deren Verfügbarkeit nur von dem Verhältnis der Ausfall- und Reparaturraten abhängt, wird die Verfügbarkeit bei teilweise vollautomatischem Betrieb von der absoluten Größe der erreichten Betriebs- und Instandsetzungsdauern beeinflusst. Die Auswertung von Zeitstudien zeigt, daß die für teilautomatisierten Betrieb besonders gravierenden, kurzzeitigen Störungen vom Bearbeitungsvorgang selbst ausgehen.

Besonders hohe Ausfallkosten und -Dauern verursachen Maschinenschäden infolge von Kollisionen im Arbeitsraum von Bearbeitungsmaschinen. Daher wird ein Konzept für ein Kollisionsschutzsystem für Drehmaschinen vorgestellt, das in der Lage ist, die fast ausschließlich für Kollisionen verantwortlichen Fehler von Bedienern, Einrichtern und Programmierern sowie Steuerungsausfälle zu erkennen und ihre Auswirkung auf das Maschinenverhalten durch fehlertolerant aufgebaute Steuerungssysteme zu verhindern.

ANHANG

ANHANG

A.1 Logische Reihenanordnung

Die Serienschaltung von n Einheiten B_1, B_2,...B_n mit den jeweiligen Zuverlässigkeiten $R_1(t)$, $R_2(t)$,... $R_n(t)$ ergibt eine Gesamtzuverlässigkeit von

$$R(t) = \prod_{i=1}^{n} (R_i(t)) = R_1(t) * R_2(t) * ... R_n(t), \qquad (A.1)$$

die der Wahrscheinlichkeit entspricht, daß alle Komponenten B gleichzeitig funktionieren (Abb. A.1).

<u>Abb. A.1</u> Logische Reihenanordnung von Bauteilen oder Baugruppen B_i

Die Ausfallwahrscheinlichkeit der Reihen-Anordnung ist

$$Q(t) = 1 - R(t) = 1 - \prod_{i=1}^{n} (R_i(t)), \qquad (A.2)$$

weil

$$R_i(t) + Q_i(t) = 1. \qquad (A.3)$$

Die Gleichungen (A.1) und (A.3) gelten, wenn die "Ereignisse" (= Zustände der einzelnen Bauteile)
- voneinander unabhängig (Forderung A) und
- nicht unvereinbar sind (Forderung B).
Die erste Forderung bedeutet, daß der Ausfall eines Bauteiles die Ausfall- oder Überlebenswahrscheinlichkeit eines anderen Bauteiles nicht beeinflußt. Die zweite Forderung besagt, daß mehrere Bauteile gleichzeitig ausgefallen sein können.

A.2 Logische Parallelanordnung (Redundanz)

Die Parallelschaltung besteht aus mehreren Komponenten, von denen eine einzelne die geforderte Funktion erfüllt, solange sie nicht ausgefallen ist; die redundanten werden erst nach dem Ausfall benötigt (Abb. A.2).

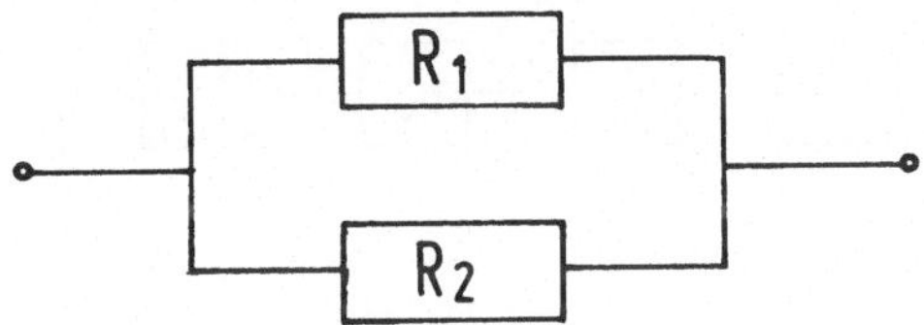

__Abb. A.2__ Logische Parallelanordnung von Bauteilen oder Baugruppen B_i

Bei Anwendung der Wahrscheinlichkeitsregeln unter Berücksichtigung der Forderungen A und B wird die Ausfallwahrscheinlichkeit der gesamten Anordnung $Q(t)$ aus den einzelnen Ausfallwahrscheinlichkeiten $Q_i(t)$ bestimmt als die Wahrscheinlichkeit des gleichzeitigen gemeinsamen Ausfalls aller Baugruppen B_i:

$$Q(t) = Q_1(t)*Q_2(t)*\ldots Q_n(t) = \overset{n}{\underset{i=1}{PR}} (Q_i(t)) \qquad (A.4)$$

Die Zuverlässigkeit $R(t)$ der Parallelanordnung ist gleich der Wahrscheinlichkeit, daß mindestens eines der Bauteile B_i funktioniert:

$$R(t) = 1 - \overset{n}{\underset{i=1}{PR}} (1-R_i). \qquad (A.5)$$

A.3 Parallel-Reihen- und Reihen-Parallel-Anordnung

Für ein Beispiel mit 5 gleichartigen Baugruppen mit einer Zuverlässigkeit von 0,95 ergibt sich die Ausfallwahrscheinlichkeit Q und die Zuverlässigkeit R der Parallelanordnung zu

$$Q = 0,05^5 = 3,125*10^{-7} \qquad (A.6)$$

$$R = 1-Q = 0,9999997 \qquad\qquad (A.7)$$

Anhand der Beispiele mit Baugruppen B_i mit der gleichen Zuverlässigkeit von $R_i = 0,95$ soll nun eine Parallelanordnung von 2 Serienschaltungen aus jeweils 5 Baugruppen, wie in Abb. A.3 gezeigt und in Gleichung (A.2) und (A.4) berechnet, betrachtet werden:

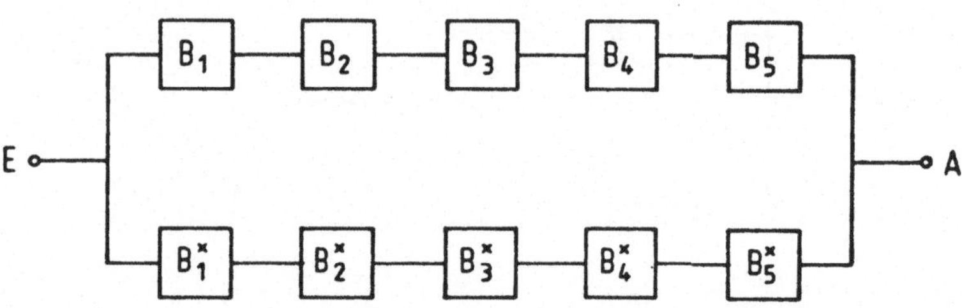

Abb. A.3   Logische Parallel-Reihen-Anordnung

Die einzelnen Zweige haben eine Zuverlässigkeit $R = R^*$ von nur mehr ca. 0,77. Die einfache Parallelanordnung (Abb. A.3) erreicht demgegenüber eine Zuverlässigkeit von

$$R_{ges} = 1 - (1-R)(1-R^*) = 0,949... \qquad\qquad (A.8)$$

und damit nahezu die Zuverlässigkeit der Komponenten mit $R_i = 0,95$. Die einfache Redundanz erbringt bei diesem Beispiel eine Steigerung der Zuverlässigkeit um ca. 23%. Die Ausfallwahrscheinlichkeit sinkt von 0,23 auf 0,05 und damit um über 77%. Zum Vergleich seien die Zuverlässigkeitseigenschaften der Reihenanordnung von Parallelschaltungen derselben Komponenten B und B^* dargestellt (Abb. A.4):

Die Zuverlässigkeit dieser Anordnung ergibt sich aus Gl. (A.5) für die Parallelanordnungen der Blöcke B_i und B_i^* und aus Gl. (A.1) für die Reihenanordnung der daraus entstehenden Ersatzblöcke.

$$R_{i,i}^* = 1 - (1-R_i)(1-R_*) = 0,9975...$$
(A.9)

$$R_{ges} = \overset{5}{\underset{i=1}{PR}} (R_{i,i*}) = (R_{i,i*})^5 = 0,9876...$$
(A.10)

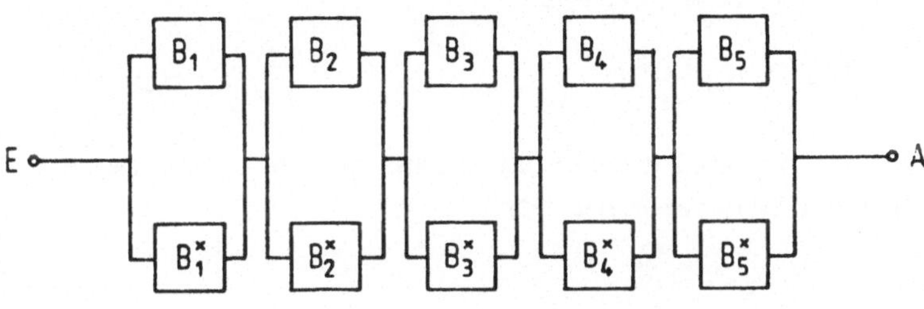

Abb. A.4   Logische Reihen-Parallel-Anordnung

Die noch um 4,1% höhere Zuverlässigkeit der Anordnung nach Abb. A.4 läßt sich daraus erklären, daß bei der Anordnung nach Abb. A.3 nur Ausfälle in einem Zweig zulässig sind, während diese Einschränkung für Abb. A.4 nicht gilt. Diese Betrachtung zeigt auf, daß es für eine maximale Zuverlässigkeit von komplexen Systemen vorteilhaft ist, Redundanz auf möglichst niedriger Komplexitätsstufe zu einzubauen.

A.4   Zuverlässigkeitsfunktion und Ausfallverteilung

Die Zuverlässigkeit $R(t)$ (= Wahrscheinlichkeit für die Funktionsfähigkeit) einer Betrachtungseinheit zu einem Zeitpunkt t ist meist eine Funktion der Zeit, ebenso die Ausfallwahrscheinlichkeit $Q(t)$. Da bei technischen Systemen davon ausgegangen werden kann, daß sie

- in neuem Zustand $t = 0$ (= zu Beginn der Nutzung) vollkommen intakt, und
- spätestens nach unendlich langer Zeit sicher ausgefallen sind,

läßt sich zum Zeitpunkt $t = 0$ angeben

- 156 -

$$R(t=0) = 1 \quad \text{und} \quad Q(t=0) = 0 \tag{A.11}$$

und zum Zeitpunkt $t = \infty$

$$R(t=\infty) = 0 \quad \text{und} \quad Q(t=\infty) = 1. \tag{A.12}$$

Dabei ist R(t) monoton fallend und Q(t) monoton steigend. Die Bedingung für monotones Fallen wird ausgedrückt durch

$$\frac{dQ(t)}{dt} = \frac{-dR(t)}{dt} = f(t) \geq 0. \tag{A.13}$$

Die Funktion f(t) ist damit definiert als Gradient der Ausfallverteilungsfunktion und wird als Ausfalldichte bezeichnet /B7/.

A.5 Konstante Ausfallrate z

Den Betreiber von technischen Systemen wird interessieren, welche mittlere Zeitspanne vom Beginn der Beanspruchung $t = 0$ bis zu Ausfällen vergeht. (Die diskreten Zeitpunkte kann man nicht angeben, da die Ausfälle zufällig auftreten, d.h. die Ausfallzeitpunkte sind nicht deterministisch vorhersagbar). Dies läßt sich als mathematischer "Erwartungswert" E deuten. Die mittlere Lebensdauer E von nicht reparierbaren Systemen beträgt nach /B7/ bzw. /B9/

$$E = \int_0^\infty (t \, f(t) \, dt) = \int_0^\infty (R(t) \, dt) . \tag{A.14}$$

Bei reparierbaren Systemen wird dieses E der mittlere Ausfall- oder Störungsabstand genannt (MTBF = Mean Time Between Failures, /D5/). In diesem Zusammenhang ist die Ausfallrate z eine wichtige Größe, da nur, wenn $z \neq z(t)$ unabhängig von der Zeit ist, die Angabe von MTBF mathematisch sinnvoll ist. Nach /D4/ ist die Ausfallrate zu

$$z(t) = - \frac{d \ln R(t)}{dt} = - \frac{dR(t)}{R(t)dt} \tag{A.15}$$

definiert. Mit (A.13) läßt sich die Ausfallrate z auch als Funktion der Ausfalldichte f(t) ausdrücken:

$$z(t) = \frac{f(t)}{R(t)} \tag{A.16}$$

und mit (A.14) wird die Zuverlässigkeitsfunktion $R(t)$ auch dargestellt als

$$R(t^*) = \exp\left(-\int_0^{t^*} (z(t)\,dt)\right) \; . \tag{A.17}$$

Da $z(t) = \text{const} = z_0$ ist, wird $R(t^*)$ zu

$$R(t^*) = \exp\left(-z_0 \int_0^{t_1} dt\right) = \exp(-z_0 t_1) \tag{A.18}$$

Die Festlegung $z(t) = \text{const} = z_0$ ist zutreffend, wenn die Ausfälle zufällig verteilt auftreten und nicht durch irgendwelche Abhängigkeiten ein bestimmtes Verhalten über der Zeit aufweisen. Sie ist also z.B. nicht anwendbar auf die Früh- bzw. Spät- oder Verschleißausfälle.

Bei zufälligen Fehlern ist die Ausfallwahrscheinlichkeit nicht vom Alter der Betrachtungseinheiten abhängig, sondern nur noch von der Länge des betrachteten Zeitintervalls Dt:

$$R(t,Dt) = \exp\left(-\int_t^{t+Dt} (z_0\,dt)\right) = \exp(-z_0 Dt) \tag{A.19}$$

Diese Gleichung entspricht dem Zerfallsgesetz für radioaktive Stoffe und besagt, daß die Anzahl der Maschinenausfälle innerhalb eines Zeitintervalls $(DN_f(t)/DT)$ der Anzahl der noch funktionsfähigen Einheiten $N_f(t)$ proportional ist. In Analogie kann man auch hier eine "Halbwertszeit" $T_{0,5}$ ermitteln, zu der die Hälfte der Einheiten ausgefallen ist /F5/, /H3/. In (A.19) eingesetzt ergibt sich durch Auflösen nach $T_{0,5}$ die "Halbwertszeit"

$$T_{0,5} = \ln 2/z_0 = 0{,}693/z_0 \; . \tag{A.20}$$

Die mittlere Betriebsdauer bis zum Ausfall (MTBF) wurde in (A.14) für eine beliebige Ausfallrate $z(t)$ angegeben. Bei Anwendung von $z(t) = z_0$ wird daraus

$$E = \text{MTBF} = \int_0^{\infty} (\exp(-z_0 t)\,dt) = 1/z_0 \; . \tag{A.21}$$

Nach Ablauf dieser Zeit beträgt die Wahrscheinlichkeit, daß eine betrachtete Komponente noch funktionsfähig ist, nur mehr ca. 37%:

$$R(\text{MTBF}) = \exp(-z_0/z_0) = 0{,}368\ldots \; . \tag{A.22}$$

A.6 Zeitabhängige Ausfallrate

Komplexere technische Systeme, z.B. NC-Werkzeugmaschinen und automatisierte Fertigungssysteme, haben meistens während eines großen Teiles ihrer Lebensdauer eine mit guter Näherung konstante Ausfallrate $z(t) = const = z_o$, so daß die im vorigen Abschnitt zusammengestellten Regeln gut anwendbar sind. Da in Bereichen mit zeitabhängiger Ausfallrate $z(t)$ diese praktisch immer höher ist ($z(t)$ grösser z_o), wird die Betriebsdauer günstigerweise in diesen Bereich mit $z(t) = z_{min} = z_o$ gelegt. Die Zeitspannen mit höheren, zeitabhängig veränderlichen Ausfallraten liegen im Normalfall zu Beginn und gegen Ende der Lebensdauer von technischen Systemen. (Die Verläufe der $z(t)$-Kurven ähneln sich für fast alle technischen Systeme und werden ihrer typischen Form wegen als "Badewannenkurve" bezeichnet.)

A.7 Die Gauss'sche Ausfallverteilungsfunktion

Zur Beschreibung der Verschleißausfälle von Bauteilen innerhalb eines Systems eignet sich die Gaußsche Normalverteilung gut, besonders wenn die Streuung klein ist gegenüber der Lebensdauer. Sie ist gekennzeichnet durch einen zum Erwartungswert symmetrischen Verlauf der Ausfalldichte $f(t)$. Die Gleichungen für Ausfallsverteilungsfunktion $Q(t)$ und Ausfalldichte $f(t)$ lauten /B7/:

$$Q(t) = \frac{1}{s\,SQR(2Pi)} \; \underset{-\infty}{\overset{t}{INT}} \left(exp\left(\frac{-(t^{*} - t_o)^2}{2s^2}\right) dt \right) \; , \qquad (A.23)$$

$$f(t) = \frac{1}{s\,SQR(2Pi)} \; exp\left(-\frac{(t-t_o)^2}{2s^2}\right) \; . \qquad (A.24)$$

Darin ist die mittlere Lebensdauer $E = t_o$ und die Streuung $D = s^2$ ($s > 0$); s wird auch als Standardabweichung bezeichnet.

Literaturverzeichnis

A1 Arnold, W.,
    Scherer, J.:

Adaptiv Control beim Drehen, Fräsen, Bohren.
WuB 115 (1982), Heft 8, S. 489-499

B1 Babic, H. G.:

Integrierte Qualitätsprüfung im Fertigungsablauf flexibler Bearbeitungszentren.
MM 88 (1982), Heft 49, S. 1007 - 1010

B2 Balbach, J.,
    Soliman, A.:

Automatische Kollisionsüberwachung und Werkzeug- Einstellmaß-Ermittlung für die Drehbearbeitung.
Industrie-Anzeiger 104 (1982), Heft 36, S. 50-52

B3 Bauer, C.O.:

Europäische Produkthaftung.
WuB 114 (1981), Heft 3, S. 129-133

B4 Becker, G.:

Ausfallzeiten an NC-Maschinen.
Werkstatt und Betrieb Heft 12, S. 797-802

B5 Bell, B.J.,
    Swain, A.D.

Quantification of the Effects of Dependence on Human Error Prohabilities.
Sandia Lab., Albuquerque, N.-Mex., 1980

B6 Benker, H.A.:

Vereinfachte Ableitung von Zuverlässigkeitsgleichungen.
Elektronik 1971, Heft 10, S. 341-344

B7 Bitter, D.,
    Groß, H,
    Hillebrand, H.,
    Schmidt, D.,
    Weihe, A.:

Technische Zuverlässigkeit - Problematik, Mathematische Grundlagen, Untersuchungsmethoden, Anwendungen.
Hrsg.: MBB GmbH, München
Springer Verlag, Berlin, 1977, 2. Aufl.

B8 Brandt, H.,
    Dietsch, E.:

Diagnose an Werkz. und Fertigungsüberwachung.
WuB 115 (1982), Heft 6, S. 353 - 363

B9 Bronstein, I.N.,
    Semendjajew, K.A.:

Taschenbuch der Mathematik.
Verlag Harri Deutsch, Frankfurt, 1972

D1 Dal Cin, M.:

Fehlertolerante Systeme - Modelle der Zuverlässigkeit, Verfügbarkeit, Diagnose und Erneuerung.
Leitfäden der angew. Mathematik u. Mechanik (LAMM) Namd 50,
Teubner Studienbücher Informatik, Stuttgart, 1979

D2 Dillon, B.S.,
    Singh, Ch.:

Engineering Reliability.
Publ. John Wiley & Sons, New York, 1981

D3 DIN 30 051

Instandhaltung - Begriffe, Teil 11.
Beuth Verlag, Düsseldorf, Sept. 1979

D4 DIN 40 041

Zuverlässigkeit elektrischer Bauteile - Begriffe.
Beuth Verlag, Düsseldorf

D5   DIN 40 042   Zuverlässigkeit elektrischer Anlagen - Geräte und Systeme.
Beuth Verlag, Düsseldorf

D6   Dietlmeier, W.:   Deutsche Risikostudie-Kernkraftwerke.
Fachband 2: Zuverlässigkeitsanalyse.
Verlag TÜV Rheinland GmbH, Köln, 1981

E1   Ehlers, D.,   Überwachen und Prüfen im maschinennahen Bereich.
           Feutlinske, K.,
           Lange, J.,   ZwF 77 (1982),
           Therm, G.:   Heft 1, S. 10 - 15

E2   Ehrenberger, W.:   Softwarezuverlässigkeit und Programmiersprache.
Regelungstechnische Praxis 25 (1983), Heft 1,
S. 4-29

E3   Ehrenberger, W.,   Zuverlässigkeitseigenschaften diversitäter Programmsysteme.
           Kesten, M.:
IFB 39 in /12/

E4   Enrick, N.L.:   Qualitätssicherung und Zuverlässigkeit.
Technischer Verlag Resch K.G.,
Gräfelfing, 1980

E5   Eschmann, P.:   Betriebssicherheit und Gebrauchsdauer von Wälzlagern.
Wälzlagertechnik (FAG) 1974, Heft 1, S. 3 -8

E6   Eversheim, W.,   Den Fertigungsprozeß durch Integration ergänzender Bausteine voll automatisieren.
           Weck, M.:
(NC-Technik in der Forschung).
Industrie-Anz. 105 (1983), Heft 19, S. 73 - 75

E7   Eversheim, W.:   Organisation in der Produktionstechnik.
Bd. 4: Fertigung und Montage,
VDI-Verlag, Düsseldorf, 1982

F1   Färber, G.:   Fehlertolerantes Rechensystem für die Prozeßautomatisierung.
Regelungstechnische Praxis 24 (1982), Heft 5,
S. 160-168

F2   Färber, G.:   Redundante, fehlertolerante Systeme.
Vortragsmanuskript (unveröffentlicht)
München, 1982

F3   Fasang, D.P.:   A Built- In Self Test Technique for Digital Circuits.
Siemens Forschungs- und Entwicklungsberichte
Band 11 (1982), Nr. 2, S. 65-68,
Springer Verlag, Berlin, 1982

F4   Felten, K.:   Sicherheitseinrichtungen an NC-Drehmaschinen.
WuB 112 (1979), Heft 8, S. 525 - 529

F5   Frauenfelder, H.,   Teilchen und Kerne - Subatomare Physik.
       Henley, E.M.:   Verlag R. Oldenburg, München, 1979

G1   Gaede, W.:   Zuverlässigkeit - Mathematische Modelle.
                        Verlag Carl Hanser, München 1977

G2   Gericke, E.:   Verfügbarkeitsberechnung für komplexe Fertigungseinrichtungen.
                        IPA-Berichte Nr. 50, Diss. Stuttgart, 1960

G3   Geßler, W.:   Kollisionsfreie Bearbeitung auf numerisch gesteuerten Bohr- und Fräsmaschinen - eine Berechnungsmethode.
                        Wiss. Zeitschrift der TH. Otto von Guericke, Magdeburg, 20 (1976), Heft 6, S. 551 - 553

G4   Guldner, W.,   Programmsystem RALLY - zur probabilistischen Sicherheitsbeurteilung großer technischer Systeme.
       Polke, H.:   Gesellschaft für Reaktorsicherheit (GRS) mbH.
                        GRS-Bericht GRS 44 (März 1982), Köln

H1   Haferkorn, W.,   Kollisionsschutz an WZM.
       Fingberg, W.:   WuB 115 (1982), Heft 9, S. 575 - 577

H2   Hahner, A.:   Qualitätskostenrechnung als Informationssystem zur Qualitätslenkung.
                        Produktionstechnik 23, Diss. Berlin 1981

H3   Hammer, A.,   Taschenbuch der Physik.
       Hammer, K.:   Verlag J. Lindauer, München, 1968

H4   Höfle-Isphording, U.:   Zuverlässigkeitsrechnung.
                        Springer, Berlin, 1977

H5   Hohmann, H.:   Automatische Überwachung und Fehlerdiagnose an Werkzeugmaschinen.
                        Diss. Darmstadt, 1977

H6   Huber, K.:   Geometrische und funktionelle Zuverlässigkeit bei NC-Maschinen.
                        Studienarbeit, TU München, 1982

I1   Icks, G.:   Maschinenseitige Grenzen des Hochgeschwindigkeitsdrehens.
                        Diss. Stuttgart, 1981

I2   N. N.:   Fachtagung Prozeßrechner 1981, München.
                        Informatik Fachberichte IFB 39, Springer Verlag, Berlin, 1981

I3   Inaba, S.:   Automatisierung in Fertigung und Montage in Unternehmen des elektronischen Gerätebaus.
                        Schriftliche Fassung der Vorträge zum Fertigungstechnischen Kolloquium

Stuttgart, 1982, S. 17 - 22

J1   Jakob, L.:   Überlastschutz an NC-Maschinen.
                             Der Konstrukteur 12 (1982), S. 24-28

J2   Julinek, S.:   Kollisionserkennung und -Vermeidung bei nu-
                             merisch gesteuerten Werkzeugmaschinen.
                             Diplomarbeit, München, 1982

K1   Kämpfer, S.:   Robotertechnik stützt Wirtschaftswachstum.
                             VDI-Nachrichten 37 (1983), S. 77 - 86

K2   Kapp, K.-H.,   Sicherheit durch vollständige Diversität.
        Daum, R.,
        Sartori, E.,   Karlsruhe,
        Harms, R.:   IFB 39 in /12/

K3   Klippel, C.:   Werkstückbereitstellung zum übergeordneten Trans-
                             portsystem.
                             Diplomarbeit, TU München, 1982

K4   König, W.,   Prozeßbegleitendes Erkennen von Werkzeug-Bruch
        Kluft, W.:   und Verschleißgrenzwerten.
                             Industrie-Anzeiger 104 (1982), Heft 96, S. 33-35

K5   Koerth, D.:   Rationalisierung der Qualitätsprüfung durch Au-
                             tomatisierung von Planungs- und Auswertetä-
                             tigkeiten beim Einsatz von Universalmeßmaschi-
                             nen.
                             Diss. RWTH. Aachen, 1977

K6   Konradl, J.:   Analytische Behandlung von Zuverlässigkeits-
                             fragen.
                             Diplomarbeit, TU München, 1983

K7   Koschnik, G.:   Konzepte und wirtschaftliche Nutzung nume-
                             risch gesteuerter Mehrspindel-Drehmaschinen.
                             Forschungsberichte für die Praxis 9,
                             Produktionstechnik - Berlin,
                             Carl Hanser Verlag München, Wien, 1980

K8   Koslow, B.A.,   Handbuch zur Berechnung der Zuverlässigkeit
        Uschakow, I.A.:   für Ingenieure.
                             Verlag Carl Hanser, München, 1979

L1   Laak, H. van: Die Bedeutung der Instandhaltung.
                             WuB 116 (1983), Heft 1, S. 33 - 36

L2   Lauber, R.:   Zuverlässigkeit informationsverarbeitender Sys-
                             teme unter den Bedingungen der Zukunft.
                             VDI-Bericht Nr. 395,
                             VDI-Verlag, Düsseldorf, 1981

L3   Lauber, R.:   Zuverlässigkeit und Sicherheit in der Prozeß-
                             automatisierung.

IFB 39 in /12/

L4   Lechler, G.:   Werkzeug- Überwachungssystem in der Praxis.
Industrie-Anzeiger 104 (1982), Heft 96,
S. 39 - 41

L5   Lees, F.P.   Quantification of Man-Machine-System Reliability in Process Control.
IEEE Trans. on Reliability
Vol R-22, Nr. 3, August 1973, S. 124 - 131

L6   Leibinger, B.:   Die Fertigungstechnik in der Bundesrepublik Deutschland im internationalen Vergleich.
Schriftliche Fassung der Vorträge zum Fertigungstechnischen Kolloquium (FTK) 1982,
Stuttgart, 1982, S.1 - 5

L7   Leonards, F.:   Ein Beitrag zur meßtechnischen Erfassung von Prozeßsteuerungsgrößen bei der Drehbearbeitung.
Diss. Berlin, 1978

L8   Löhnert, H.:   Transportmagazin für die positionierte Abstapelung von Gußteilen als Voraussetzung für die automatische Handhabung in der Fertigung von Pkw-Motoren.
Diplomarbeit, TU München, 1982

M1   Maehle, E.:   Modulare fehlertolerante Multi-Mikroprozessorsysteme nach dem Baukastenprinzip.
VDI-Berichte Nr. 395, S. 91 - 96, VDI-Verlag, Düsseldorf, 1981

M2   Mathes, H.:   Steuerungstechnische Maßnahmen zur Steigerung der Arbeitsgenauigkeit von numerisch gesteuerten Mehrspindeldrehmaschinen.
Indudstrie Anzeiger 103 (1981), Heft 23,
S. 24 - 25

M3   Matull, F.:   Unterstützung der Instandhaltung hochautomatisierter verketteter Anlagen durch Fehlerdiagnose.
ZwF 77 (1982), Heft 1, S. 25 - 27

M4   Milberg, J.:   Automatisierungstendenzen in der Fertigung mittlerer Serien.
ZwF 76 (1981), Heft 6, S. 262 - 267

M5   Milberg, J.:   Die Situation der japanischen Werkzeugmaschinenindustrie.
Vortrag, gehalten am IWB, München, 4.2.1983

M6   Milberg, J.:   Hochgeschwindigkeitsbearbeitung mit spanenden Fertigungsverfahren.
Schriftliche Fassung der Vorträge zum Ferti-

gungstechnischen Kolloquium (FTK) 1982,
Stuttgart, 1982, S. 139 - 144

M7   Milberg, J.,   Numerische Steuerung an Mehrspindeldrehauto-
       Reinhart, G.:   maten erhöht die Flexibilität.
                            Maschinenmarkt 89 (1983), Heft 85, S. 1939
                            - 1942

M8   Milberg, J.:   Einsatz und Programmierung von NC- Werkzeug-
                            maschinen.
                            Skript zur Vorlesung.
                            TU München, 1983

N1   Naumann, W.,   Arbeitswissenschaftliche Schwerpunkte in der In-
       Geist, H.W,   standhaltung von numerisch gesteuerten WZM.
       Winkel, P.:   Wiss. Z.d. TH Karl Marx Stadt 20 (1978),
                            Heft 2, S. 209 - 216

N2   Neese, C.:   Statistik über Schäden an NC-Maschinen.
                            Studienarbeit, TU München, 1983

P1   Pilland, U.:   Aufbau einer Mikrorechnerkarte zur Durchfüh-
                            rung zusätzlicher Aufgaben im einer Mehrprozes-
                            sorsteuerung.
                            Diplomarbeit, TU München, 1982

P2   Popken, W.:   Steuerung von flexiblen Fertigungszellen für
                            die Drehbearbeitung mit dezentralen Rechner-
                            systemen.
                            Produktionstechnik 26, Diss. Berlin, 1981

P3   Prinshagen, K.P.:   Entwurfsverfahren für Prozeßautomatisierungs-
                            systeme.
                            Tagung des EPOS-Benutzerkreises,
                            Regelungstechnische Praxis 25 (1983), Heft 1,
                            S. 29-32

R1   REFA: Methodenlehre des Arbeitsstudiums.
                            Teil 2: Datenermittlung,
                            Carl Hanser Verlag, München, 1978

R2   Reinhart, G.:   Funktionsanalyse des kurvengesteuerten Mehr-
                            spindeldrehautomaten im Hinblick auf eine ver-
                            besserte Flexibilität.
                            Diplomarbeit, TU München, IWB, 1982

R3   Reinschke, K.:   Zuverlässigkeit von Systemen (Band 1).
                            VEB Verlag Technik, Berlin, 1973

R4   Rigby, L.V.:   The Sandia Huiman Error Rate Bank (SHERB).
                            Sandia Lab., Albuquerque, N.Mex.,
                            Rep. SC-R-67-1150, 1967

R5   Rohs, H.-G.;   Ziele und Möglichkeiten für Meßregelungen an
       Schuler, M.:   CNC-Drehmaschinen.

WuB 116 (1983), Heft 1, S. 15 - 19

R6   Rosemann, H.:   Zuverlässigkeit und Verfügbarkeit technischer Anlagen und Geräte.
Springer Verlag, Berlin, 1981

S1   Schindler, M.:   Software Testing - A Scarce Art Struggles To Become A Science.
Electronic Design, Juli 22, (1982), S. 85 - 102

S2   Schmidtmann, M.:   Neue Montagestrukturen im Pkw-Bau am Beispiel der Instrumententafel.
Diplomarbeit, TU München, 1982

S3   Schneeweiß, W.G.:   Ermittlung der Zuverlässigkeit von Prozeßautomatisierungssystemen.
PDV-Berichte: KFK-PDV 34,
Karlsruhe, Febr. 1975

S4   Schneeweiß, W.G.:   Zuverlässigkeits-Systhemtheorie.
CCG-Texte 1,
Datakontext-Verlag, Köln, 1980

S5   Schrott, G.:   Echtzeit-Betriebssysteme für Mehrrechner-Architekturen.
Regelungstechnische Praxis 25 (1983), Heft 3,
S. 104 - 110

S6   Schulz, H.,
Arnold, W.:   Stand und Tendenzen beim Einsatz flexibler Fertigungssysteme.
WuB 116 (1983), Heft 2, S. 61 - 65

S7   Seeliger, C.,
Henneberger, H.:   Überwachen und Diagnostizieren CNC-gesteuerter Maschinen.
MM 87 (1981), Heft 15, S. 235-238

S8   Sieber, M.:   Geplantes Instandhalten von Maschinen sichert Betriebsbereitschaft.
MM 89 (1983), Heft 14, S. 230 - 233

S9   Spur, G.,
Potthast, A.:   Grafisches Simulationssystem für die NC-Drehbearbeitung.
ZwF 76 (1981), Heft 8, S. 387 - 390

S10   Steinhilper, R.:   Flexible Fertigungssysteme im In- und Ausland (Teil 2).
tz für Metallbearbeitung 77 (1983), Heft 2,
S. 15 - 21

S11   Stetten, R.v.:   Auslegung von Störungspuffern in kapitalintensiven Fertigungslinien.
IPA-Forschung und Praxis
Diss. Stuttgart, 1977

S12   Streifinger, E.:   Bohr- und Fräsmaschinen, Bearbeitungszentren.

Maschine + Werkzeug, 82 (1981),
Heft 25, S. 24 - 26

S13   Störmer, H.:   Semi-Markov-Prozesse mit endlich vielen Zu-
                           ständen.
                           Springer Verlag, Berlin, 1970

S14   Stute, G.:   Der Einfluß neuer Steuerungsentwicklungen auf
                           die Steuerungstechnik.
                           wt-Z 70 (1980), Heft 4, S. 261-271

S15   Stute, G.,   NC-Programmierungssystem, Beitrag zur numeri-
      Eitel, H.:   schen Verarbeitung eines geometrischen WS-Be-
                           schreibungssystems.
                           Diss. Stuttgart, ISW Band 7, Springer Verlag,
                           Berlin, 1973

S16   Stute, G.,   Verfahren zur Auffahrsicherung bei Schleifma-
      Kohler, P.:   schinen und Vorrichtung hierzu.
                           Offenlegungsschrift DE 31 18 065 A1,
                           Aktenzeichen P 31 18 065, 5,
                           Offenlegung 25.11.82, DPA München

S17   Swain, A.D.:   Human Factors in Nuclear Power Plant Opera-
                           tions.
                           Sandia Lab., Albuquerque, N.Mex.,
                           Sand - 80 - 1837 C, 1980

S18   Swain, A.D.:   Some Limitations in Using the Simple Multi-
                           plication Model in Behavior-Quantification.
                           Sandia Lab., Albuquerque, N.Mex.,
                           USA Rep. SC-R-68-1967, 1968

T1   Tinkl, W.:   Zusammenstellung einiger Grundgedanken und
                           Überlegungen zum Nachweis von Softwarezu-
                           verlässigkeit und zur Erstellung zuverlässiger
                           Software.
                           Institut für elektrische Meßtechnik,
                           36-EMT-5/81, München, 1981

T2   Trötsch, E.,   Verfügbarkeitsuntersuchungen bei einem verkette-
      Rieder, H.:   ten Fertigungssystem mit modularem Aufbau.
                           in VDI Berichte, Nr. 395: Technische Zuver-
                           lässigkeit, VDI-Verlag, Düsseldorf, 1981

W1   Wagner, A.:   Entwicklung und Durchführung von Testrouti-
                           nen für CNC-Fräsmaschinensteuerungen zur Prü-
                           fung der Hard- und Softwarekomponenten.
                           Diplomarbeit, TU München, 1982

W2   Warnecke, H.J.:   Instandhaltung - Grundlagen.
                           Verlag TÜV Rheinland, Köln, 1981

W3   Weck, M.,   Entwicklung eines universellen Überwachungsge-
      Vorsteher, D.,   rätes.

	Kühne, L., Pascher, M.:	Industrie Anzeiger 104 (1982), Heft 96, S. 42 - 44

W4   Weck, M.,
     Breuer, F.:
Optoelektronisches Erfassen der Rohteilgeometrie
von NC-Drehteilen.
Industrie-Anzeiger 103 (1981),
Heft 54, S. 27 - 32

W5   Wermuth, G.:
Fehlerdiagnose und Überwachung an NC-Werk-
zeugmaschinen vermindern die Stillstandszeiten.
MM 88 (1982), Heft 8, S. 108 - 111

W6   Winter, R.:
Entwicklung von Programmen zur Behandlung
von geometrischen Daten von Maschinenteilen.
Diplomarbeit, TU München, 1982

Z1   Zenker, H.:
Entwicklung von Testroutinen für CNC-Bahn-
steuerungen zur Überprüfung des Bahnsteuer-
und Positionierverhaltens.
Diplomarbeit, TU München, 1982

Z2   Zeppelin, W.:
Grafische Simulation erleichtert das Program-
mieren der NC-Drehbearbeitung.
ZwF 77 (1982), Heft 8, Sonderdruck

Z3   Ziebarth, T.:
Ausfalldaten moderner Fertigungsmaschinen.
Diplomarbeit, TU München, 1983

oV1 o. V.
Aufmarsch der Roboter.
Südd. Zeitung 43, 22. Feb. 1983, S. 17

oV2 o. V.
CNC - Produktionsdrehautomat GD 200-4A -
Funktionsbeschreibung.
Gildemeister AG, Bielefeld, 1981

oV3 o. V.
Computer-Simulation einer Transferstraße.
München, 1981

oV4 o. V.
Engineering Design Serviceability Guidelines
- Construction and Industrial Machinery.
SAE J 817a, 1976

oV5 o. V.
Kollisionsschutzkupplungen verhindern Maschi-
nenschäden.
Maschinenmarkt 88 (1982), Heft 49, S. 1023

oV6 o. V.
MIL - H - 46855 B.
USA 1979

oV7 o. V.
MIL - STD - 1472 B.
USA 1978

oV8 o. V.
Schwachstellenanalyse an einem verketteten Fer-
tigungssystem für Rotationsteile.
Berlin/München Mai 1982

<u>LEBENSLAUF</u>

<u>Personalien:</u>

Name	Streifinger, Elmar Bernhard Michael
Geburtstag/ -ort	20. Juli 1950 / Augsburg
Eltern	Dr. Hanns Streifinger, Arzt
	Loni Streifinger, geb. Miller
Familienstand	verheiratet, 2 Kinder
Wohnort	Matthäus Günther-Straße 34
	8062 Markt Indersdorf

<u>Ausbildung:</u>

Volksschule	1956 - 1958 in Augsburg
	1958 - 1960 in Schrobenhausen
Gymnasium	1960 - 1969 in Schrobenhausen
Hochschule	1969 - 1975 Studium des Maschinenwesens an der Technischen Universität München, Fachrichtung AO - Konstruktion und Entwicklung

<u>Tätigkeit:</u>

1975 - 1976 Hilfsassistent am Institut für Werkzeugmaschinen und Betriebswissenschaften, gleichzeitig freies Aufbaustudium

Seit 1976 Wissenschaftlicher Mitarbeiter am Institut für Werkzeugmaschinen und Betriebswissenschaften der TU München, Leiter o. Prof. Dr.-Ing. Joachim Milberg.